MINISTÈRE DES TRAVAUX PUB[illegible]

[illegible] DES SERVICES

[illegible]GRAPHIE DE LA FRANCE

DES

[illegible]APPES SOUTERRAINES

ÉTUDES SUR LE PLATEAU CENTRAL [1]

IV

ALLURE PROBABLE DU TERRAIN HOUILLER ENTRE LE PLATEAU CENTRAL ET LES VOSGES.

Le problème que je vais essayer de traiter ici, présente, outre son intérêt théorique, des applications pratiques, sur l'importance desquelles il est inutile d'insister. Dans un pays où la houille manque de plus en plus et où la consommation, si restreinte qu'elle soit par les hauts prix du charbon, dépassait pourtant de moitié la production avant la guerre (61.000.000 tonnes contre 41.000.000), comment ne se serait-on pas préoccupé d'explorer notre sous-sol à l'image de ce qui a été fait avec tant de succès en Allemagne, en Belgique, en Hollande, en Angleterre ? En effet, un très grand nombre de sondages ont été tentés déjà, dont il peut être utile de résumer et de commenter sommairement les résultats, en examinant à ce propos où il y aurait lieu de chercher désormais le passage des sillons houillers dans la profondeur. Tel est l'objet initial de ce travail qui a été entrepris d'abord, en 1913, à la demande de la Compagnie Paris-Lyon-Méditerranée. Cette Compagnie ayant bien voulu m'autoriser à publier mon rapport, ce dont je suis heureux de remercier ici son directeur, M. Mauris, j'ai fait précéder mon travail de toute une étude théorique qui forme la première partie de ce mémoire ; en même temps, je l'ai remanié et complété au début de la guerre pour tenir compte des nouveaux résultats acquis. Il a attendu, depuis lors, la reprise de nos publications.

Etendu à une région aussi vaste, ce travail ne saurait comporter des précisions sur chaque point de détail, qui demanderait à être examiné ensuite plus à loisir ; on ne doit y chercher que des considérations d'ensemble.

Méthodes d'étude. — Il suffit de regarder une carte géologique de France, pour y apercevoir, dans les divers massifs, aujourd'hui disjoints, de la chaîne hercynienne, un certain nombre de sillons houillers, qui disparaissent au bord

---

[1] Les études antérieures ont paru sous les numéros 30, 46 et 83 : I. *La vallée du Cher dans la région de Montluçon.* — II. *Le massif de Saint-Sauge et ses relations avec le terrain houiller de Decize.* — III. *Les roches éruptives carbonifères de la Creuse.*

de ces massifs sous le recouvrement des terrains secondaires ou tertiaires et dont les prolongements, souvent difficiles à identifier, se montrent de nouveau sur l'autre bord de ce recouvrement secondaire, dans le massif hercynien suivant. Ce que nous nous proposons de faire, c'est de rechercher ce que peuvent devenir ces sillons dans la zone intermédiaire. Il est évident qu'ils y existent et il est évident qu'ils y contiennent de la houille utilisable dans les mêmes conditions que sur les tronçons mis à nu de la Bretagne, du Massif Central ou des Vosges. Mais le même examen de la carte, dans les régions où le soubassement primaire est visible, montre également comment le terrain houiller y occupe, sur des zones sinueuses, des parties étroites et morcelées ; et la connaissance économique de ces bassins où le carbonifère affleure fait, en outre, connaître combien, sur une étendue relativement vaste de terrain carbonifère, la houille utilisable occupe une petite place. On doit tout naturellement penser que les zones cachées sont analogues aux zones découvertes. Il faut donc, en abordant l'étude entreprise ici, partir de cette idée qu'elle est délicate, hasardeuse et que les conditions d'une exploitation souterraine dans cette partie du sol français, ne sauraient avoir aucun rapport avec ce qui s'est passé pour les vastes bassins continus et relativement réguliers de la Westphalie, du Limbourg Hollandais, de la Campine belge ou de l'Angleterre.

Comment donc allons-nous procéder ? Ce ne sera pas, bien entendu, ainsi que l'ont fait certains géologues un peu imaginatifs, en joignant, par des lignes droites tracées à la règle, les taches noires de la carte qui semblent à peu près dans le prolongement l'une de l'autre : de Ronchamp à Blanzy et à Bert, de la Machine à Noyant, etc... En raisonnant de la même façon pour la partie visible du Massif Central, on serait conduit à relier au hasard, d'après la direction générale des plissements, Ahun avec Champagnac ou Saint-Etienne avec Langeac, en supposant des traînées houillères continues dans l'intervalle. Cette seule comparaison suffit à montrer quelles seraient les probabilités d'erreur.

Je ne crois pas que l'on puisse se fier non plus, sinon à titre de première indication très aléatoire, sur la théorie de Marcel Bertrand, d'après laquelle les plissements des terrains secondaires superficiels seraient rigoureusement conformes avec ceux de leur substratum primaire et permettraient, par suite, de les deviner. Cette théorie, imaginée d'abord pour le Bassin de Paris, où elle est déjà souvent inexacte, ne me paraît, en tout cas, pouvoir s'appliquer qu'à des régions calmes, pour lesquelles de faibles ondulations à caractère posthume ont pu se superposer aux plissements intenses d'un grand mouvement antérieur. Encore est-on exposé à trouver, comme les Anglais l'ont reconnu dans le Weald, des anticlinaux secondaires superposés à des synclinaux houillers ; ce qui, dans le cas dont nous nous occupons, retire à la méthode toute possibilité d'application pratique. En Lorraine, la théorie a paru quelquefois se vérifier, ainsi que l'a montré M. Nicklès. Mais j'ai l'impression qu'elle devient de plus en plus illusoire à mesure que l'on se rapproche des massifs hercyniens ayant subi le contre-coup violent et discordant des mouvements alpins, comme c'est précisément le cas dans toute la région située à l'Est et au Nord-Est du Massif Central, qui nous intéresse ici. Là, les mouvements alpins peuvent être rectangulaires ou obliques sur les mouvements hercyniens et ne sauraient servir à les caractériser.

Le seul procédé qui me paraisse donc applicable consiste à procéder du connu à l'inconnu en essayant d'abord (ce qui est déjà fort difficile) de suivre et d'interpréter les traînées houillères dans les régions découvertes ou mises à nu par les travaux, comme le Nord de la France, le Massif Central ou les Vosges, puis d'appliquer hypothétiquement les mêmes conclusions aux régions cachées, en tenant compte de leur histoire géologique et en utilisant les résultats précis des sondages déjà effectués.

Etant donné qu'il s'agit de suivre le terrain houiller, le premier point est de chercher à se représenter dans l'ensemble comment ce houiller a pu être distribué au moment de son dépôt, puis comment les mouvements ultérieurs du sol ont pu modifier cet état de choses primitif, et, par conséquent, d'expliquer la distribution actuelle des formations houillères dans les tronçons apparents de la chaîne hercynienne, où elles commencent à nous être bien connues.

PREMIÈRE PARTIE

DISTRIBUTION DU TERRAIN CARBONIFÈRE EN FRANCE

A. ALLURE DES TERRAINS. — B. RÉPARTITION DE LA HOUILLE

A. Allure du terrain carbonifère.— La houille du Massif Central et des Vosges appartient, en presque totalité, à la période la plus récente du carbonifère, dite stéphanienne. Le dépôt des terrains contenant la houille dans les bas-fonds localisés, lagunaires ou lacustres, de l'époque stéphanienne se rattache directement à l'histoire et à la structure présumées de la chaîne hercynienne, qu'il faut commencer par étudier.

A cet égard, outre l'observation directe, nous pouvons être guidés par un rapprochement. La première interprétation des Alpes suivant les idées modernes a été données par Marcel Bertrand en étendant aux chaînes tertiaires les résultats acquis par l'exploration industrielle des terrains primaires et, particulièrement, des terrains carbonifères. Aujourd'hui que la tectonique des chaînes alpestres commence à devenir plus claire, nous sommes conduits à faire l'inverse et à tenter de reconstituer les anciennes chaînes hercyniennes à l'image des chaînes tertiaires, auxquelles nous croyons de plus en plus qu'elles ont dû être analogues, sinon semblables. Cette comparaison suggère aussitôt une observation qui me paraît intéressante, c'est qu'on a généralement beaucoup trop exagéré l'unité de la chaîne hercynienne. Celle-ci a dû être édifiée par des vagues successives et, jusqu'à un certain point indépendantes, dans la mesure où l'ont été les uns des autres les flots pyrénéens, alpins et dinariques. Le mouvement s'est espacé sur une longue période qui, en France, commence faiblement dès le dinantien pour atteindre son paroxysme au westphalien et se prolonger en s'atténuant peu à peu jusque dans le permien.

Aussi l'on commet, à mon avis, une erreur quand on rapproche les uns des autres, pour les identifier, des plissements appartenant : l'un au dinantien, l'autre au westphalien, le troisième à la fin du stéphanien. Du moment que ces plissements ne se sont pas exactement superposés suivant la théorie trop simple de Marcel Bertrand, c'est comme si on assimilait en Provence, où les types pyrénéens deviennent contigus avec les types alpins, les deux phases de mouvement correspondantes à ces deux types, ou comme si on confondait en Ligurie les types alpins avec les types dinariques. C'est pourtant ce qu'on me paraît avoir fait lorsqu'on est parti d'une zone dinantienne assez bien marquée dans le Nord du Massif Central pour en déduire toute l'allure présumée des sillons stéphaniens, très postérieurs. La réalité est plus complexe.

Si nous distinguons, par conséquent, les unes des autres, les diverses étapes de la période carbonifère et si nous commençons par le *dinantien*, nous constatons qu'en France le dinantien se rattache beaucoup plus à la période dévonienne pour la terminer qu'à la période stéphanienne, dont le sépare une forte discordance. De l'éo-dévonien au dinantien, la paléo-géographie ne se modifie pas sensiblement. Ce sont, en France, les trois mêmes grands sillons Est Ouest qui se présentent à nous avec une incurvation hercynienne : 1° sur la Belgique, le Boulonnais et le Sud de l'Angleterre ; 2° sur les Vosges, le Nord du Plateau Central et la Bretagne ; 3° sur le Dauphiné et les Pyrénées. 1°, au Nord, le dinantien de Belgique est un terrain franchement marin, abondant en calcaires, où l'on reconnaît l'activité des organismes constructeurs en des eaux calmes. 2°, celui du Plateau Central, du Morvan et des Vosges, qui occupe un sillon plus méridional, est très différent. Les produits volcaniques y abondent. Les cinérites agglomérées en tufs d'orthophyre en sont un des éléments les plus caractéristiques. On y reconnaît l'existence de véritables volcans ayant existé à cette époque. En même temps, des sédiments gréseux ou bréchiformes, à sédimentation incomplète et confuse, achèvent de montrer que le rivage est proche. A ces grès et schistes commencent à s'associer quelques filets charbonneux irréguliers, qui prennent de l'extension dans la période suivante : filets parfois assez développés pour avoir paru mériter une concession, mais n'ayant jamais donné lieu à une exploitation fructueuse. Enfin, 3° dans un dernier sillon méridional, celui des Pyrénées, les griottes dévoniennes supportent, en légère discordance, du dinantien marin, comprenant à la base des nodules phosphatés, puis des lydiennes à radiolaires, des schistes ardoisiers, des grès et enfin quelques rares calcaires à Productus représentant l'horizon viséen (Campan, etc.)[1].

Si l'on prolonge à l'Ouest vers la Bretagne, dont nous aurons peu à nous occuper dans ce travail, on y retrouve, dans les Bassins de Chateaulin et de

---

[1] Ces synclinaux dinantiens n'ont pas, en principe, été figurés sur notre carte pour ne pas prêter à confusion avec les synclinaux postérieurs.

Laval qui se font suite en une longue traînée axiale, un dinantien marin, où s'intercalent de petits lits d'anthracite sans grande valeur. Ce dinantien de Chateaulin, qui a occupé (comme celui de Belgique, comme celui des Pyrénées) un sillon précédemment marqué par le dévonien, est surtout composé de schistes avec conglomérats à la base; il s'y intercale des tufs volcaniques (porphyritiques) analogues à ceux du Massif Central et des Vosges. Vers Laval, des schistes et grès à anthracite supportent des calcaires viséens, dont le facies s'est peut-être prolongé jusque dans le westphalien. Le type de ce dinantien breton est donc intermédiaire entre celui du Nord et celui du Massif Central par ce mélange de calcaires bien développés qui font défaut dans le centre, avec les grès à anthracite et les tufs éruptifs, représentatifs du système dans le Massif Central.

Un autre petit sillon plus méridional existe dans le massif armoricain à Ancenis ou dans la Basse-Loire, également composé de schistes et grès à anthracite (notamment entre Chalonne et Rochefort), où l'on croit avoir reconnu les trois étages du carbonifère.

Si l'on cherche à relier ces traînées de Bretagne avec celles du Massif Central, on est conduit, par l'examen de la carte, à supposer qu'elles doivent passer au Nord de ce Massif, sous le Bassin de Paris, pour s'en aller peut-être vers la Lorraine et vers le Palatinat. Une autre hypothèse, qui conduirait à prolonger en ligne droite le synclinal d'Ancenis par le sillon dinantien de Chambon et Manzat (Sud-Ouest de Gannat), lui-même prolongé vers Roanne, me paraît à écarter pour deux raisons : d'abord, parce que le premier accompagne fidèlement une traînée de terrains siluriens, totalement absente le long du second : ensuite, et plus accessoirement, parce que l'allure des plissements dans l'Ouest du Plateau Central manifeste d'une façon générale une inflexion momentanée vers le Sud-Ouest.

En résumé, ces remarques sommaires semblent bien indiquer qu'au moment où se sont formés les dépôts dinantiens, l'allure topographique du sol commençait à prendre une disposition hercynienne avec larges ondulations d'allongement Est-Ouest s'incurvant à l'Est et à l'Ouest vers le Nord dans le sens de l'Ardenne et de la Bretagne ; que la mer y était localisée et qu'une première ride continentale, représentée par un chapelet d'îles, peut-être analogue à ceux que nous observons aujourd'hui dans l'Insulinde, s'y était déjà esquissée sur l'emplacement du Massif Central, accompagnée, dans le sens du Nord, par d'autres rides plus étroites et moins accentuées.

Dans le détail, j'ai fait allusion tout à l'heure au sillon dinantien qui traverse en écharpe toute cette région Nord du Massif Central. Ce sillon, jalonné de phénomènes volcaniques, est d'une netteté parfaite. On le voit apparaître vers Domérol dans la Creuse, se continuer par Chambon et Chateau-sur-Cher, subir une inflexion formant point de rebroussement le long du grand sillon houiller près de Pontaumur, passer à Manzat dans le Puy de Dôme, puis à Cusset dans l'Allier, traverser tout le Roannais par une courbe fortement accentuée et disparaître sous la plaine du Rhône dans le Mâconnais. Après quoi, il est encore naturel de lui rattacher (quoique avec une forte part d'hypothèse), le dinantien analogue des

Vosges (Ronchamp, Thann, Guebwiller) et enfin celui de la Forêt Noire (Schœnau). Je remarque aussitôt que cette traînée dinantienne est très indépendante des plissements antérieurs accusés par les terrains cristallophyliens et qu'elle présente seulement, avec les zones du terrain houiller supérieur, des coïncidences momentanées et approximatives. En principe, il y a là au moins trois étapes orogéniques distinctes : l'une silurienne, l'autre dinantienne, la troisième, post-stéphanienne, qu'il faut, je le répète, se garder de confondre entre elles.

Au Nord de cette première traînée dinantienne, le Massif Central en présente une autre, également assez nette, à travers le Morvan, de Gilly-sur-Loire à Saint-Honoré et Lucenay, avec prolongement possible dans les Vosges au Sud-Ouest du Donon, vers Senones. Sur ce second sillon, les faciès marins sont parfois plus caractérisés que sur le premier (tournaisien de Luzy, viséen de la Loire étudié par M. Albert Michel-Lévy) ; les phénomènes volcaniques y abondent cependant aussi dès le tournaisien, avec prédominance à la partie supérieure du viséen sous la forme de tufs et coulées microgranulitiques.

En dehors de ces deux sillons principaux, les terrains représentatifs du dinantien dans le Plateau Central sont tout à fait sporadiques et souvent d'un âge contestable. Quand on les examine à l'Ouest de la Limagne, en laissant de côté le Morvan et le Bassin de Gusset (situés à l'Est) dont les faciès sont différents, on y observe à peu près partout des terrains d'origine locale, à sédimentation incomplète, qui ne sauraient être considérés comme les débris d'une vaste formation, démantelée par les érosions. Presque toujours, les matériaux en sont à peine roulés. Les pointements de calcaire à faciès marin sont extrêmement rares (Chat-Cros, Brégeroux près Château-sur-Cher) et il n'est pas même démontré que leur âge réel soit dinantien [1]. Beaucoup des lambeaux marqués par moi-même comme dinantiens sur les cartes détaillées du Massif Central sont, comme j'ai eu le soin de le faire observer dans les légendes, des formations de destruction mécanique, peut-être en liaison avec des brèches de friction datant des mouvements ultérieurs [2]. Mais surtout, il y a indépendance entre le dinantien et le stéphanien charbonneux. Sans doute, il peut arriver qu'on trouve les deux terrains réunis : par exemple, dans la traînée d'Ancenis, en quelques points de celle d'Ajain-Ahun, ou en des points épars du grand sillon houiller entre Pontaumur et Saint-Éloy, de même que, dans le stéphanien de Commentry, on a rencontré quelques galets dinantiens ; mais ce sont des accidents et l'inspection d'une carte d'ensemble met aussitôt cette indépendance en évidence. Je n'ai donc insisté ici sur ces sillons dinantiens que pour réagir contre des assimilations qui ont influencé diverses études antérieures.

Le carbonifère moyen, ou *westphalien*, n'est pas représenté dans le Massif Central. Il faut, pour le rencontrer, avec ses faciès lagunaires qui se sont prêtés aux grandes accumulations régulières de houille, monter plus au Nord. C'est, je

---

[1] L. DE LAUNAY. Terrain anthracifère du Puy-de-Dôme *Bull. Soc. Géol.*, 3e série, t. XVI, p. 1077 à 1086 (1888).

[2] L. DE LAUNAY. Sur quelques roches écrasées du Plateau Central (*Comptes Rendus*, 13 mai 1913).

n'ai pas besoin de le rappeler, l'âge de la formation charbonneuse qui constitue les grands bassins de l'Angleterre, du Nord de la France, de la Belgique et de la Westphalie. La traînée de Sarrebruck, sur laquelle nous allons avoir à revenir, en constitue vers le Nord-Est la manifestation la plus méridionale de quelque extension. Plus au Sud, on connaît seulement en Alsace le petit bassin westphalien de Saint-Hippolyte et Roderen entre Schlestadt et Ribeauvillé. En Bretagne, on a reconnu du westphalien (généralement inférieur et voisin du dinantien) dans les sillons de Laval, d'Ancenis et de Faymoreau-Saint-Laurs [1].

Ces déterminations d'âge ne sont pas toutes à l'abri des contestations. Elles concordent bien cependant avec l'idée émise tout à l'heure à l'occasion du dinantien et tendent à montrer que les dépressions carbonifères de Bretagne devaient, pendant le westphalien comme pendant la phase antérieure, passer sous le Bassin de Paris au Nord du Massif Central sans effleurer ce massif, et que leur prolongement s'infléchissait au Nord vers la Lorraine, où il est possible que le Bassin de Sarrebruck ait un rapport avec l'une d'elles.

Quand on examine l'allure de ce westphalien dans la zone septentrionale de la France où il apparaît avec un large développement, on constate qu'il est en général concordant sur le dinantien et fortement plissé au-dessous d'un manteau crétacé.

Très resserré en France, comme à l'Ouest de la Belgique vers Mons ou Charleroi, le Bassin Westphalien s'étale, on le sait, à l'Est d'Aix-la-Chapelle. On y constate alors, de la façon la plus manifeste, en le traversant du Nord au Sud, un changement progressif dans le rôle des actions tectoniques qu'il a subies postérieurement à son dépôt, probablement à la fin du Westphalien. Vers le Nord, se trouve l'avant-pays calédonien, qui, depuis le dévonien, a échappé à tous les plissements. De ce coté Nord, le houiller lui-même se présente en massifs disloqués dont les strates sont restées grossièrement horizontales et ont été seulement dénivelées par tronçons. Ce caractère, qui est celui des Bassins houillers anglais du Centre vers Manchester et Sheffield, se retrouve dans la Campine Belge et dans le Peel Hollandais. Mais, quand on descend vers le Sud, on voit apparaître, d'abord de larges ondulations, puis des plis de plus en plus accentués, qui aboutissent, sur la bordure Sud du Bassin Franco-Belge, aux phénomènes bien connus de renversement et de charriage, par suite desquels le dévonien a été amené au-dessus du carbonifère. Après quoi, tectoniquement, on arrive à la zone plus méridionale de Sarrebruck, qui va être envisagée tout à l'heure et enfin au Massif Central, exempt de Westphalien. Les mouvements dont il vient d'être question à propos du Bassin franco-belge sont postérieurs au westphalien, puisque les dépôts de cet étage ont été influencés par eux ; et, par conséquent, nous anticipons ici sur ce qui appartient à la période suivante. Mais on peut, sans doute, comme nous allons le voir, étendre à la phase westphalienne la conclusion qui en résulte, sur

---

[1] Pour Saint-Laurs-Faymoreau, voir WELSCH, Les plantes fossiles du bassin houiller de Saint-Laurs (Deux-Sèvres), (*C. R. sommaire de la S. Géol.*, 3 avril 1916, p. 63).

l'accentuation progressive des plissements du Nord au Sud et, par conséquent, sur l'existence probable, plus au Sud, d'un axe dynamique, le long duquel les plissements de cette époque westphalienne ont dû atteindre leur paroxysme.

Si nous concluons pour le westphalien de cette région Nord avant de passer à Sarrebruck et au Massif Central, nous sommes, dès lors, amenés à nous représenter les faits de la manière suivante :

Au début du carbonifère, il y aurait eu prolongation d'un état de choses qui remontait au dévonien et qui, dès cette époque, dessinait des sillons Est-Ouest, dans lesquels, pendant le dévonien et le dinantien, entrait largement la mer. Pendant le westphalien, phase de calme ayant succédé tranquillement au dinantien, on peut admettre que cette zone a eu une tendance générale à émerger progressivement, avec des oscillations, par suite desquelles il s'établissait d'ordinaire un régime d'eaux douces, tandis que, de temps à autre, un affaissement ramenait la mer momentanément et interrompait la dessalure des eaux. C'est le mouvement qui, de plus en plus accentué, a passé plus tard par une phase violente au début du stéphanien.

A l'époque westphalienne, on observait donc deux ou trois grandes lagunes séparées par des lignes de côtes ou par des traînées d'îles : lagunes, dont la convergence devait se faire à l'est du Rhin. Là, des végétaux en place, des stigmaria ayant leurs racines dans le sous-sol immédiat, poussaient et se décomposaient, en même temps qu'arrivaient, par des cours d'eaux, des radeaux de plantes et de bois flottés. M. Barrois a observé que tous les petits bancs calcaires correspondants à des incursions marines au milieu de cette série lacustre renferment, de bas en haut, une faune analogue, à des variantes près : faune archaïque, presque dinantienne malgré la présence de certaines espèces pouvant monter jusque dans le stéphanien. Il est permis d'en conclure que, parallèlement à une évolution rapide de la flore, l'évolution de la faune était retardée par une adaptation progressive à des conditions nouvelles.

Combien de temps ces caractères se sont-ils prolongés, on ne saurait l'affirmer avec certitude par suite du violent coup de rabot qui a enlevé toute la partie haute de cette région et toutes les saillies de ses plissements avant le crétacé. Le stéphanien n'existe nulle part dans le district franco-belge. La vraie flore stéphanienne est également absente en Grande-Bretagne. On est donc amené à supposer que les plissements de ces régions et leur émersion auraient eu lieu au début du stéphanien, sans pouvoir cependant affirmer qu'ils n'ont pas été un peu plus tardifs, puisque le premier terrain transgressif après le plissement est le saxonien.

Il n'en est plus tout à fait de même quand on passe au Sud de l'Ardenne et qu'on se rapproche de la région intéressante pour notre travail. A Sarrebruck, le stéphanien continue le westphalien en concordance et l'ensemble des deux terrains, uniquement lacustres, présente une très forte épaisseur de 5.000 mètres, difficile à expliquer autrement que par un affaissement progressif des dépressions où se sont accumulés les sédiments. Ce carbonifère est recouvert à son tour par du permien inférieur, transgressif mais concordant. Les caractères du dépôt sont intermédiaires entre ceux qu'affectent les grands bassins à communication marine du Nord et ceux que l'on rencontre dans les petits lacs du Massif Central. Notons en passant, pour y revenir plus tard, qu'il comprend deux étages principaux : à la base, les charbons gras de Sarrebruck ; à la partie supérieure, les couches maigres d'Ottweiler. On ne connaît pas le fond du bassin ; mais, étant donné la concordance de toute la série lacustre du westphalien jusqu'au milieu du permien, on peut admettre que cette région a été émergée après le dinantien, comme l'était déjà le Massif Central pendant le dinantien lui-même : par conséquent, plus tôt que le bassin du Nord et qu'il s'y est formé, sur un continent, une large fosse lacustre, dont le fond s'est affaissé peu à peu, sans subir pour cela un plissement accentué. Les conditions propres à la formation de la houille s'y sont prolongées pendant le permien inférieur et une partie du permien moyen. C'est alors, vers le milieu du saxonien, que les plissements, relativement peu accentués, ont commencé à se produire, accompagnés d'abondantes manifestations volcaniques (rhyolites, andésites, basaltes, etc.), analogues à celles que, dans le Massif Central, nous avons trouvées dès le dinantien. Enfin, les mouvements orogéniques se sont encore reproduits à la fin du trias.

Dans les Vosges, le westphalien n'existe qu'à Saint-Hippolyte et à Roderen ; il y est nettement discordant sur le dinantien, tandis que les dépôts stéphaniens, puis permiens, continuent le westphalien en concordance.

En Bretagne, à Littry comme le long du bassin de Châteaulin, le westphalien manque, de même que dans le Massif Central. Le stéphanien succède directement en discordance au dinantien. A Saint-Laurs cependant, le westphalien reparaît : ce qui pourrait faire croire que sa disparition habituelle ailleurs tient en partie à une destruction postérieure.

Si nous abordons maintenant le Massif Central, ce que nous avons à en dire pendant la phase westphalienne est simple et se résume en deux mots : le westphalien n'y est représenté par aucun dépôt. Il a dû cependant se passer là quelque chose pendant cette période : ce qui, en termes géologiques, revient à dire qu'il a dû s'y former des sédiments quelconques, très probablement lacustres, puisque la région était émergée précédemment et que nous la retrouvons émergée postérieurement, après un mouvement violent accusé par la discordance complète entre le dinantien et le stéphanien. Mais on peut, en tout cas, affirmer que les dépressions destinées à se combler pendant le stéphanien n'existaient pas encore ; sans quoi on retrouverait bien, au fond de l'une ou l'autre d'entre elles, quelques indices de westphalien épargnés par l'érosion. Les bassins qui existaient étaient ailleurs et leurs restes ont disparu. L'hypothèse la plus vraisemblable est donc que la ride continentale, déjà esquissée ici pendant le dinantien, a pris, pendant le westphalien, une accentuation notable : peut-être une allure de haute chaîne comprenant tout au plus quelques petits lacs de montagne sans développement.

Cherchons maintenant à résumer nos idées sur les deux premières périodes du carbonifère, déjà examinées, pour pouvoir aborder la période stéphanienne qui lui fait suite et qui nous intéresse spécialement.

Deux points très distincts sont à considérer : l'allure topographique et les plissements. Ces derniers peuvent déterminer le relief ; mais ils n'en sont pas la seule cause, de même qu'ils peuvent ne pas entraîner immédiatement une saillie. Ainsi, dans la théorie de M. Termier sur les Alpes, les Dinarides ont passé, avant d'être plissées, par-dessus les Alpes entières.

En ce qui concerne d'abord la topographie, nous sommes arrivés à l'idée que la première zone émergée dès l'époque dinantienne a dû être celle du Massif Central. L'émersion a gagné Sarrebruck avant le westphalien ; elle n'a atteint le Bassin franco-belge qu'au début du stéphanien ; elle a donc progressé du Sud au Nord et c'est au Sud, sur le Massif Central, qu'elle a dû atteindre son maximum de saillie, dont la hauteur absolue nous est inconnue.

Les phénomènes volcaniques se manifestent (sans doute à proximité du littoral) : d'abord, au Sud, le long de la zone Chambon-Manzat-Roannais-Guebwiller, pendant le dinantien ; puis, dans les Vosges septentrionales, et dans la région de Sarrebruck, pendant le permien moyen saxonien (rhyolites du Nideck). Ils gagnent, par conséquent, avec le temps, dans le même sens du Sud au Nord, suivant lequel progressait aussi le continent.

Pour les plissements, c'est autre chose et les conclusions sont beaucoup moins nettes. Car les phases du mouvement ont été multiples en chaque point et diverses suivant les points. Quand on part du Nord, de la zone calédonienne où, les plissements se sont arrêtés depuis le silurien, on trouve la zone franco-belge où le westphalien continue le dinantien en concordance et où, par conséquent, les plissements hercyniens datent au plus tôt du début du stéphanien. C'est là, on le remarquera, que nous en connaissons les manifestations les plus intenses sous la forme de renversements et de charriages, qui, il est vrai, ont pu exister, également plus au Sud et y avoir été effacés, mais qui ont pu aussi atteindre leur maximum contre l'avant-pays septentrional.

Puis vient la zone de Sarrebruck, des Vosges et de la Forêt-Noire, où un mouvement orogénique s'intercale entre le dinantien et le westphalien, comme il le fait, plus loin vers l'Est, en Silésie. Après quoi, le calme s'est établi là jusqu'au permien moyen, où a recommencé une nouvelle phase orogénique. Le Massif Armoricain semble se rattacher à cette zone, au moins dans sa partie septentrionale, puisque le dinantien y continue le dévonien, tandis que les très rares représentants du westphalien ou du stéphanien sont localisés dans des lacs indépendants, où le permien peut, comme à Littry, continuer le stéphanien en concordance.

Enfin, dans le Massif Central, les plissements ne peuvent être datés exactement, puisque le westphalien n'apparaît pas ; mais le fait même que ce westphalien n'a pu se déposer ou a été entièrement éliminé par les érosions et le métamorphisme, ferait volontiers présumer que les mouvements ont dû s'y prolonger pendant la phase westphalienne. Nous constaterons, en outre, ici l'existence d'un mouvement violent entre le stéphanien et le permien : mouvement qui, comme nous allons le voir bientôt, paraît n'avoir pas eu lieu exactement au même moment dans les diverses parties du Massif Central.

Les conditions observées dans le Massif Central se prolongent plus au Sud, dans la Montagne Noire et les Pyrénées, où le westphalien fait également défaut en général (sauf le petit bassin de la Maladetta), tandis que le stéphanien est discordant sur le dinantien, lui-même concordant avec le dévonien ; après quoi, une autre discordance s'introduit entre l'autunien et le dévonien. Enfin, dans les Asturies, on retrouve une fosse importante, où le stéphanien repose également en discordance sur une série antérieure plus complète qui renferme ici du westphalien. Le mouvement s'y est donc produit, comme dans le Bassin franco-belge, entre le westphalien et le stéphanien.

En résumé, le plissement important semble avoir été : postérieur au westphalien dans le Nord ; antérieur à Sarrebruck et dans les Vosges, dans la Forêt Noire et en Silésie ; contemporain dans le Massif Central ; postérieur dans les Pyrénées. Mais d'autres épisodes orogéniques plus récents et fortement caractérisés eux aussi s'intercalent : dans le permien moyen, à Sarrebruck ; avant le permien inférieur dans le Bourbonnais, etc.

Nous arrivons à la période *stéphanienne* (carbonifère supérieur), qui est la plus importante pour nous, puisque, sauf peut-être sur le prolongement de Sarrebruck, tous les terrains houillers dont il pourra être question entre le Massif central et les Vosges appartiennent à cette phase. Son caractère le plus marqué est que, partout, elle est uniquement représentée pour nous, en France, par des dépôts lacustres. L'émersion dont nous venons de suivre les progrès du Sud au Nord, a atteint auparavant son maximum et toute la France, qui apparemment commence déjà à s'aplanir, est devenue continentale. Il ne faut donc pas supposer que les sédiments stéphaniens aient jamais pu avoir une extension et une continuité analogues à celles des dépôts marins jurassiques ou crétacés, ni même à celle du Westphalien lagunaire d'Allemagne et d'Angleterre. La houille que nous y cherchons s'est formée dans des dépressions restreintes et sans communication directe les unes des autres. On parle souvent de rechercher les *synclinaux* de l'époque houillère et j'ai pu moi-même employer cette expression commode par sa brièveté ; mais il ne faudrait pas la comprendre dans ce sens que nous devons poursuivre des zones de plissement synclinales, où le stéphanien aurait été conservé, tandis que l'érosion le détruisait ailleurs, comme nous pouvons, par exemple, suivre les traînées de silurien en Bretagne. L'isolement du stéphanien dans les zones où nous le rencontrons n'est pas le fait des plissements et des érosions postérieures, bien que ces plissements et ces érosions aient pu avoir pour résultat de diminuer dans une très forte mesure son extension. Mais, dès le moment même de leur formation, ces dépôts ont dû être localisés. Se proposer de trouver où ils existent, ce n'est pas tant étudier la loi des plissements que retrouver tous les bas-fonds, ou dépressions d'origine quelconque, dans lesquels les végétaux houillers ont pu s'accumuler à cette époque.

Il n'est même pas possible (et c'est ce qui rend les recherches très difficiles) d'assimiler la majorité des zones houillères à des traînées continues, ou presque continues, dirigées dans le sens des plissements hercyniens. A cet égard, on est induit en erreur par une assimilation inexacte avec des bassins lagunaires à incursions marines comme celui du Nord et de la Westphalie, dont l'extension longitudinale est énorme. Il suffit, pour s'en rendre compte, de regarder une carte géologique du Massif Central, de la Bretagne ou des Vosges et de voir combien les taches noires du houiller y sont courtes et disséminées. Cependant, pour une raison qui nous échappe encore, une continuité de ce genre existe pour certains bassins dont l'intérêt pratique se trouve ainsi considérablement accru. Ainsi le bassin de Sarrebruck, le sillon houiller du Creusot à Bert, le grand sillon houiller du Massif Central, ou encore, dans le massif armoricain, la zone de Faymoreau et, dans les Alpes Occidentales, la zone axiale du Briançonnais. Cela mérite un peu d'attention.

Tout d'abord, dans tous les cas que je viens d'énumérer, le faciès est bien exclusivement lacustre. Pas plus à Sarrebruck que dans les Alpes, on n'a trouvé, jusqu'ici, de fossiles marins.

En second lieu, pour trois au moins de ces bassins plus continus, on observe un âge antérieur à celui des petits dépôts stéphaniens du Massif Central. A Sarrebruck, dans la zone axiale des Alpes, et à Faymoreau, la série est, en grande partie, westphalienne, quoique s'étendant sur le stéphanien et il est possible qu'elle corresponde en partie à une allure topographique modifiée postérieurement au cours du stéphanien. Cependant, cette observation ne s'applique, ni à la traînée Creusot-Bert, dans laquelle le stéphanien supérieur passe au permien, ni à celle de Saint-Eloy. Ces observations discordantes rendent les généralisations difficiles. On est pourtant conduit à se demander s'il n'y aurait pas eu là, pendant la période westphalo-stéphanienne, quelque chose d'analogue à ce qui s'est passé sur les continents du Gondwana ou du Karoo, où les dépôts gréseux et schisteux, avec intercalations de combustibles, se sont superposés en concordance pendant une très longue période géologique (du stéphanien au lias) sur une aire d'ennoyage trop haute pour être exposée aux incursions marines. Dans cette idée, les dépôts relativement continus du Massif Central représenteraient les tronçons d'un karoo ultérieurement plissé. Les petits lacs limités de la chaîne hercynienne, qui seraient à distinguer de ces zones plus continues, dateraient d'une période où les flaques d'eau se seraient localisées. Nous allons voir dans quelle mesure cette idée peut être conservée en étudiant les caractères plus particuliers de ces dépôts et en les comparant avec ce qui se passe dans la nature actuelle.

Et d'abord, de quoi se composent nos terrains houillers du Centre et de l'Est : d'alternances de grès, schistes, poudingues et couches de houille, comme tous les terrains houillers du monde, mais dans des proportions et avec des conditions de sédimentation qu'il convient de préciser en distinguant ces dépôts les uns des autres. Commentry n'est pas Bert, qui n'est pas Sarrebruck.

Le type de Sarrebruck comprend : 1° à sa base. 500 mètres de conglomérats, grès et schistes argileux renfermant plus de 80 couches de houille ; 2° une autre série gréseuse, débutant par un conglomérat, continuée par des grès rougeâtres

ou violacés et des schistes argileux rouges foncés à minces veines de houille ;
3° une épaisse série d'Ottweiler (Kohlenrothliegendes), formée surtout de
schistes avec peu de houille, puis de grès feldspathiques. Les bancs de thonstein
représentent, dans la zone inférieure dite de Sarrebruck, des tufs volcaniques,
assimilables aux tufs orthophyriques du dinantien dans le Plateau Central.
Les deux premières séries sont westphaliennes ; la troisième, épaisse de
2 à 3.000 mètres, stéphanienne et passant au permien. Le tout a 5 000 mètres
d'épaisseur concordante. Il y a donc eu ici un très large bas-fond en voie d'affaissement lent et progressif. Cet affaissement était suivi par les progrès de
la sédimentation ; mais, comme on peut aisément le comprendre, il devait
se manifester parfois un défaut de réglage entre les deux phénomènes, malgré
leur connexion intime de cause à effet ; et, quand l'affaissement se trouvait en
avance sur la sédimentation, les pentes s'accentuaient, les cours d'eau deve-
naient plus rapides et plus torrentueux, les matériaux charriés plus grossiers.
Au contraire, quand l'affaissement se ralentissait ou s'interrompait, il pouvait se
produire un développement de la végétation, dont la destruction ultérieure
formait des couches de houille. Cependant, dans l'ensemble, on observe une
certaine régularité du dépôt que nous ne rencontrerons plus dans le Massif
Central. Ce type est certainement celui qui rappelle le mieux ce que l'on
constate dans le karoo, où il existe également des conglomérats (en partie glaciaires) à la base, puis des alternances réitérées de grès et de schistes avec
houille et des interventions volcaniques sous forme de porphyrites ou de tufs
porphyritiques [1]. Peut-être seulement (mais ce n'est qu'un détail), les récurren-
ces de poudingues sont-elles plus exceptionnelles au karoo dans la partie haute
de la série. La conclusion pratique est que, dans le cas de Sarrebruck, il ne nous
est nullement défendu de concevoir une extension primitive très supérieure
à l'extension actuelle et de traiter ce bassin comme le reste d'une ancienne zone
d'affaissement plus étendue, comme une fraction de synclinal, laquelle aurait
été conservée, quoique cela puisse paraître paradoxal, dans une voûte à allure
anticlinale due à des mouvements très postérieurs.

Le cas de Bert semble, dans une certaine mesure, pouvoir en être rapproché.
On a là également une épaisse série, en grande partie schisteuse, interrompue
au milieu par une récurrence de grès et poudingues : série, dans laquelle s'intercalent des couches très minces et régulières de houille. L'âge est cependant
bien différent. Les dépôts de Bert, qui se continuent par un étage saxonien transgressif, sont eux-mêmes, au moins pour la plus grande partie, autuniens. Les
conditions de dépôt que l'on observe ici sont donc à distinguer de celles qui
appartiennent au carbonifère pour être rapprochées de ce qu'on observe pendant
l'autunien, aussi bien à Autun qu'à Buxière : une sédimentation régulière
et continue, à couches minces, non ultérieurement plissées.

Enfin, le cas normal, dans la plupart des petits bassins stéphaniens à l'intérieur du Massif Central, peut être symbolisé par Commentry. Les dépôts y sont

[1] L. DE LAUNAY. *Les Mines d'or du Transvaal*, p. 173.

très irréguliers et affectent un type fluviatile ou torrentiel à sédimentation entre-croisée. Les poudingues prennent une grande importance et leurs éléments, souvent mal roulés, peuvent atteindre des dimensions énormes, constamment la grosseur d'une tête, par endroits plusieurs mètres cubes : ce qui les assimile à de véritables éboulis. La houille se groupe par paquets, quelquefois très volumineux, mais sans continuité actuelle et, suivant toute vraisemblance, sans continuité originelle. Les éléments remaniés ont une origine locale et très voisine. Les intrusions de roches éruptives sous la forme de porphyrites contemporaines sont fréquentes. Enfin, tous les caractères indiquent, comme l'a bien montré M. Fayol, un remplissage de lac restreint par des deltas de torrent. Bien qu'il y ait lieu de modifier le beau travail de M. Fayol pour tenir compte de mouvements tectoniques ultérieurs qui ne me semblent pas contestables, sa conclusion principale à cet égard reste toujours à retenir et il est difficile de ne pas se représenter, autour de Commentry, à l'époque stéphanienne, un pays accidenté, comme peuvent l'être actuellement les Vosges.

Cette question du relief stéphanien est importante pour nous et on ne saurait se former une théorie sur les alignements de dépôts carbonifères sans s'être fait d'abord une idée sur la topographie du pays à la fin de la période carbonifère.

A ce propos, les théories émises sont contradictoires. On a souvent parlé de hautes chaînes alpestres ayant existé à l'époque carbonifère ; on a, au contraire, admis que le relief actuel des Alpes elles-mêmes était postérieur à leur plissement « les plissements et charriages ayant eu lieu en profondeur sans se manifester à la surface autrement que par des ridements de peu d'importance [1] » et l'on a étendu cette opinion à la chaîne hercynienne. L'examen direct des dépôts stéphaniens nous permettra peut-être de nous former une opinion.

Nous allons voir que le fond des bassins est ordinairement formé par du gneiss, du micaschiste ou du granite ; d'où l'on peut conclure que ces terrains métamorphisés occupaient, au début du stéphanien, la plus grande partie de la superficie, à l'exclusion des terrains récemment plissés et non métamorphiques, tels qu'on en rencontre dans les hautes chaînes des Alpes et des Pyrénées. La disparition de ces zones hautes et de ces terrains non métamorphiques, l'absence presque absolue du dévonien ou du dinantien reconnaissables dans les fonds de bassins houillers conduisent à l'idée que le dépôt stéphanien avait dû être précédé par une période d'érosion ayant constitué, sinon une pénéplaine, du moins un continent à larges ondulations avec des gradins successifs, favorables au développement de la végétation. Je serais donc porté à croire que la période westphalienne, sur laquelle nous ne savons ici rien de direct, a suffi pour une phase de plissements, suivie de surélévations consécutives et pour une période d'érosion.

[1] HAUG. *Traité de Géologie*, p. 833. Il est à remarquer que de récentes observations de M. Kilian conduisent à admettre également, dans les Alpes, un décapage par érosion de la zone intra-alpine à *pietre verdi* avant le miocène. Les conglomérats burdigaliens et la mollasse marine plissée ont emprunté des galets aux roches de cette région (variolite, porphyre, jaspe) (Voir *C. R. de la Soc. Géol.*, 15 mars 1915).

Mais, d'autre part, la grande épaisseur atteinte par les dépôts houillers prouve, comme nous le remarquions tout à l'heure à propos de Sarrebruck, l'approfondissement rapide de leur fond pendant la durée de la sédimentation et indique donc un sol encore instable. L'abondance des poudingues à énormes éléments parfois à peine roulés et comparables à des éboulis au pied d'une falaise, sinon à des apports de débacles glaciaires, conduit, dans des cas comme ceux de Commentry, Champagnac, Saint-Etienne, etc., à imaginer un relief accidenté, des eaux rapides et violentes, des pentes élevées dominant des lacs. Là où l'on observe ce genre de dépôts, il faut admettre un pays montagneux, tandis qu'un cas comme celui de Sarrebruck laisse supposer, au pied de cette ride montagneuse, un palier inégal, déprimé dans son centre en forme de cuvette.

Je n'ai pas fait intervenir dans cette étude l'existence possible de glaciers hercyniens. Cette existence, qui est incontestable dans l'Inde, en Australie et dans l'Afrique du Sud, a été également affirmée pour l'Europe ; dans la Ruhr (Muller), dans le Nord (Gosselet), et dans le Massif Central. Mais, pour ce dernier, elle n'est nullement démontrée. Certains dépôts, qu'on aurait pu croire autrefois glaciaires, ont plutôt des caractères de mylonites ou brèches de friction. Tout au plus, des formations comme la roche Sainte Aline de Commentry, intercalées au milieu des dépôts houillers, formations que nous attribuons à des apports torrentiels au pied d'une falaise en démolition, avec passage à de véritables galets roulés, pourraient-elles faire poser la question d'un régime fluvio-glaciaire.

Avant de chercher des points de comparaison dans la géographie actuelle, achevons encore de préciser les traits essentiels de ces bassins houillers centraux.

La première remarque, qui répond à l'idée trop simple de « synclinaux » proprement dits dont il a été question tout à l'heure, est que ces dépôts houillers, pour la grande majorité, n'occupent nullement des synclinaux des terrains antérieurs. On chercherait vainement des bassins houillers du Massif Central ou des Vosges, dans lesquels les deux bords de la cuvette seraient constitués par un pli de ces terrains antérieurs. Dans aucun, le houiller ne repose sur du dinantien ou du dévonien. Si ces terrains se montrent accidentellement dans un voisinage qui n'est pas immédiat, c'est à l'état sporadique. Peut-être ont-ils contribué à la formation des gneiss, sur lesquels repose souvent le houiller ; mais alors ils avaient subi, avant le stéphanien, un métamorphisme, qui accuse la discordance.

Plusieurs de ces bassins ont, en effet, un fond de terrains cristallophylliens (Saint-Etienne, Bessèges, Champagnac, etc.). Mais, là même, les directions du houiller ne sont pas nécessairement conformes aux plis cristallophylliens. A Champagnac, elles leur sont même transversales.

Enfin, certains d'entre eux (Ahun, Montvicq, Saint-Gervais) sont encaissés totalement ou en partie dans le granite. On peut en tirer deux conclusions. La première est que ce granite, comme je l'ai annoncé précédemment, avait déjà été mis à nu, débarrassé de son manteau de terrains métamorphiques quand il a constitué le fond du lac houiller, ainsi que le prouvent également les galets de granite compris dans les poudingues stéphaniens. La seconde, c'est qu'au moment où le stéphanien s'est déposé, la carte géologique du Massif Central présentait superficiellement une diversité analogue à celle de l'époque actuelle : diversité dont témoignent les galets déversés par les cours d'eau dans les lacs de cette époque. Les gneiss y existaient déjà avec leur métamorphisme actuel, ainsi que les granites et que les microgranulites. Mais on y rencontre bien rarement des indices de terrains primaires antérieurs au carbonifère supérieur.

Cela ne veut pas dire, bien entendu, que la superficie actuelle soit celle de cette époque. Il a dû, au contraire, se produire, depuis le stéphanien, un décapage qui a pu enlever un ou deux kilomètres des terrains existants alors, en régularisant les gradins et les accidents dont j'ai supposé plus haut l'existence, pour réaliser la pénéplaine.

Certains de ces lacs stéphaniens affectent un allongement marqué de direction hercynienne. Tel est tout particulièrement le cas, pour ceux qui s'alignent sur la bordure Est du Massif Central, le long des vallées de la Saône et du Rhône et qui présentent un intérêt tout spécial pour nous, puisque ce sont ceux dont on peut espérer trouver le prolongement sous le bassin secondaire et tertiaire. Ceux-là mêmes n'ont aucun rapport avec les zones dinantiennes de la région, dont ils se montrent tout à fait indépendants. Leur relation est avec le permien qui les continue parfois après une discordance et par transgression. Dans le cœur du massif, on peut encore envisager, comme une traînée synclinale des terrains cristallophylliens tordue et disloquée, la ligne des bassins houillers de l'Allier (Villefranche, Montvicq, Commentry, Estivareille et Meaulne)[1]. Mais d'autres bassins sont nettement encastrés par des failles, comme peut l'être le tertiaire dans ses fosses d'effondrement (Ahun, Grand Sillon central, etc.); et, bien que ces failles aient rejoué après coup; le caractère local des dépôts montre que des cassures antérieures avaient déjà provoqué une fosse : soit dans le granite, soit à cheval sur les gneiss et le granite.

Enfin, peut-être pouvons-nous tirer quelque enseignement du niveau actuel auquel descendent les fonds de nos bassins houillers (par rapport au niveau de la mer). Nous constatons ainsi approximativement les chiffres suivants : à Sarrebruck, peut-être 3 à 5.000 mètres au-dessous de la mer, en tenant compte des lacunes dans la série stratigraphique; Ronchamp, — 600; Ahun, — 100; Commentry, + 100: Cosne-Villefranche, — 50; Saint Eloy, + 300; Noyant, — 50 ; Decize, — 800 ; Saint-Etienne, — 1.100 ; Bassin d'Alais, — 500.

Que peut-on en conclure? La région de Sarrebruck est aujourd'hui vers la cote 380 à 400, et on y observe des terrains carbonifères lacustres concordants sur 5 kilomètres d'épaisseur. Bien qu'il suffise d'aller en Haute-Italie pour trouver des lacs dont le fond descend au-dessous du niveau de la mer (— 172 au lac Majeur; — 200 au lac de Côme; — 281 au lac de Garde), il en résulte cependant que, là où on constate à la superficie le terrain le plus

[1] L. DE LAUNAY. *Bassin houiller de Commentry* (Soc. de l'Ind. min. 1886).

élevé de la série d'Ottweiler, sous lequel, stratigraphiquement, il pourrait y avoir 5 kilomètres de terrains carbonifères, l'ensemble des mouvements subis par la région depuis le début du stéphanien a toutes les chances pour impliquer finalement au moins 5 kilomètres et peut-être 6 ou 7 d'affaissement postérieur au dinantien.

A Ronchamp, pour la même raison, il a dû y avoir au moins 1 à 2 kilomètres de dénivellation et autant à la Machine. Au contraire, quand nous nous rapprochons du cœur du Massif, nous trouvons, pour ces cotes de fond, — 50 à Noyant et + 300 à Saint-Eloy. Si l'affaissement avait été, dans ces derniers cas, comparable, le relief stéphanien de Saint-Eloy aurait pu dépasser 2 000 mètres. Mais c'est là une hypothèse presque gratuite et nous serions portés à croire que l'altitude de Saint-Eloy à l'époque stéphanienne a été moindre, par le fait même que, de la Machine à Noyant et Saint-Eloy, le fond du sillon houiller se relève progressivement suivant la pente générale des terrains qui bordent le Massif Central : pente due aux mouvements secondaires et tertiaires. Quand, plus loin, on se rapproche de la bordure Sud-Est du Massif Central, vers Saint-Etienne ou vers Alais, on retrouve quelque chose d'analogue à ce qui se passait sur sa bordure Nord à la Machine. La série de Saint-Etienne, un peu moins épaisse que celle de Sarrebruck, a au moins 2.500 mètres : ce qui, en couches horizontales, la ferait descendre aujourd'hui à près de 2.000 mètres au-dessous de la mer, accusant ainsi, sur les bordures Nord et Est du Massif, un notable affaissement absolu depuis le stéphanien. D'autre part, l'altitude de 200 et 300 mètres, à laquelle sont portés d'autres terrains marins sur ces mêmes bordures, conduit à admettre, depuis le secondaire, un exhaussement absolu correspondant. L'affaissement se serait donc produit entre le stéphanien et le lias, dans la période où nous constatons, en effet, les progrès de la transgression marine.

Pour l'intérieur du Massif Central, le défaut de sédiments marins ne nous permet pas de conclure. Nous savons cependant que, dans la fosse de la Limagne, du tertiaire marin a été descendu d'un millier de mètres au-dessous de la mer actuelle ; mais, sur les seuils granitiques qui séparent les fosses tertiaires, on croit apercevoir, au contraire, un exhaussement absolu dont on ignore l'intensité. Il est donc difficile de discerner par cette voie si le niveau moyen du Massif Central a baissé ou monté depuis l'époque stéphanienne. Néanmoins, l'usure qu'il a subie depuis cette époque, ferait, à défaut d'autres arguments, supposer plutôt une diminution d'altitude. En tout cas rien ne s'oppose là à ce que ce Massif ait atteint, dans les temps stéphaniens, au moins 1.500 ou 2.000 mètres d'altitude.

Cherchons maintenant s'il existerait quelques points de comparaison dans la nature actuelle. La première idée qui vient à l'esprit est de regarder ce qui se passe pour les lacs de la zone alpestre. Une grosse différence est introduite par la nature de leurs parois qui, dans les Alpes, sont des terrains récents non métamorphiques, au lieu d'être, comme pour le houiller du Massif Central, du gneiss ou du granite. Mais ne nous arrêtons pas à cette objection qui pourrait tenir à une circonstance accidentelle. Nous avons là trois zones de lacs principales :

La première est sur le versant italien, à l'entrée dans la plaine d'alluvions lombarde Ce sont des lacs parallèles entre eux et correspondants à des vallées barrées, sur lesquelles ont pu travailler les glaciers ; on ne voit rien qui puisse leur correspondre dans le Massif Central, où le principal allongement des bassins est, non pas transversal, mais parallèle à l'orientation générale de la chaîne. Une seconde zone analogue existe à la limite du Plateau Suisse, depuis Annecy jusqu'au Salzkammergut (Annecy, Thoune, Lucerne, etc.). Certaines chaînes de ces lacs, comme le sillon de Brienz et Thoune, où un lac transversal succède à un synclinal, ou comme le seul lac de Lucerne avec ses éléments successifs à angle droit, pourraient à la rigueur représenter la complexité qui a présidé à la formation de certains lacs stéphaniens. Enfin, une troisième zone est localisée dans la grande dépression synclinale comprise entre les Alpes et le Jura ou dans des synclinaux contigus (Bourget, Genève, Neufchâtel, etc). L'apparence est toute différente de celle de nos lacs houillers. Pourtant imaginons une ligne d'effondrement analogue à celle qui limite le Massif Central sur la vallée du Rhône venant couper la chaîne alpestre de Neufchâtel à Aix-les-Bains, nous verrons les trois lacs de Neufchâtel, de Genève (partie occidentale) et du Bourget rencontrer cette coupure, avec une disposition approximativement synclinale analogue à celle qu'on observe pour Epinac, Autun et Saint-Etienne.

Mais, en résumé, cette comparaison ne nous satisfait pas. N'y aurait-il pas mieux ailleurs ? Parmi les pays de lacs à fond gneissique ou granitique, la Suède a ses lacs parallèles entre eux et transversaux sur la direction des plissements, le long des vallées. Les lacs de Finlande affectent quelquefois un allongement marqué dans le sens des plissements cristallophylliens (Pielisjärvi, Hüytiäinen) ; mais d'autres traînées relativement continues passent du gneiss au granite et encore au gneiss, comme le Päijänne, au Nord d'Helsingfors. La dissémination extrême de toutes ces flaques d'eau semble surtout occasionnée par la façon dont s'est produite l'érosion glaciaire et dont elle a pu être localement influencée par le zonage des gneiss. Le Canada Septentrional serait peut-être plus instructif, avec ses grands lacs, souvent à peu près parallèles entre eux (lac de la Martre, lac des Esclaves, lac Mackay, lac Athabasca) dont l'altitude va de 119 (lac de l'Ours) à 210 (lac Athabasca) et qui forment parfois des sortes de traînées continues. Certains de ces lacs ont 100 kilomètres et plus de large : ce qui est hors de proportion avec l'extension probable de nos terrains houillers du Centre, tout en pouvant expliquer ailleurs certaines nappes de sédiments très développées. D'autre part, ici encore s'accuse, dans leur formation, un travail glaciaire que l'on est peu porté à invoquer pour nos lacs stéphaniens et nous ne voyons pas non plus des différences de relief susceptibles de déterminer quelque chose d'analogue aux poudingues du Massif Central. La nature actuelle ne semble donc pas nous offrir le terme de comparaison que nous lui demandions et il n'y a pas lieu d'insister davantage sur un point que nous sommes forcé, on le voit, de laisser dans le vague.

Passant à un autre ordre d'idées, nous devons attirer l'attention sur l'âge très variable de ces bassins que nous avons jusqu'ici englobés sous l'expression uniforme de stéphanien. L'évolution de la flore, qui, pendant l'époque carbonifère, a dû se faire avec une rapidité que la faune suivait seulement de très loin, nous permet de préciser et de subdiviser.

Tous les traités de géologie donnent le classement de ces petits bassins houillers d'après leur âge. On pourrait être tenté d'en déduire, comme le fait Suess pour la Bohême, une théorie de « transgression limnique ». Les eaux seraient remontées progressivement le long des vallées par suite d'un exhaussement relatif du niveau marin qui réduisait la pente moyenne de leur cours : la différence de niveau entre la source et l'embouchure diminuant pour une distance restée égale. Finalement, cet affaissement du continent par rapport à la mer aurait amené, vers le trias, une récurrence marine dans les dépressions houillères très élargies.

Cette théorie suppose implicitement que nos lacs houillers ont occupé une zone basse littorale et alors il devient étrange qu'aucun dépôt marin de la même époque ne soit connu dans la vaste zone qui sépare le Massif Central de la Carinthie. Marcel Bertrand a donc très justement écarté cette idée, tout en éliminant peut-être un peu vite l'intervention (qui n'a rien d'absurde) de barrages glaciaires [1].

Il n'en reste pas moins, dans l'ensemble, une constatation intéressante : celle d'un déplacement général du Sud-Est vers le Nord-Ouest, en raison duquel le premier remplissage de Ronchamp, Epinac, Rive de Gier, Bessèges, Graissessac, Carmaux, a commencé avant celui des bassins centraux, qui ont eux-mêmes précédé les bassins de Champagnac, Ahun, Commentry, Decize et Sincey, antérieurs à leur tour aux remplissages permiens de Buxière ou de Bert. Sans doute, les courbes qui relient des bassins du même âge sont un peu trop sinueuses et présentent, dans l'état actuel de nos connaissances paléobotaniques, quelques anomalies comme celles du Montet, Saint-Eloy ou de Sainte-Foy. Mais, dans l'ensemble, le fait est réel. Si nous en concluons que, d'une façon quelconque, les nappes d'eau douce se sont déplacées dans le même sens, nous pouvons être tentés de supposer que le Nord-Ouest du Massif Central, d'abord trop saillant et trop accidenté pour comporter de grands lacs, se serait affaissé peu à peu en tournant autour d'une charnière basse située au Sud-Est, de manière à déplacer la zone limitrophe entre la haute chaîne et la plaine, qui est favorable à la formation de bassins lacustres. On peut remarquer que ce mouvement, imaginé ici d'une façon très hypothétique, s'est continué ensuite d'une manière parfaitement réelle du permien au lias, comme le montrent alors, sur le bord Nord du Massif Central, les transgressions marines, dont les dépôts s'avancent l'un après l'autre en biseaux dans le sens de l'Ouest [2].

---

[1] *Bull. Soc. Géol.*, 3e série, t. XVI, p. 517, 16 avril 1888.

[2] Ultérieurement, la compression venue des Alpes à l'époque tertiaire a produit un mouvement relatif de même sens en remontant d'une façon absolue cette bordure Est par rapport à l'Ouest et par rapport au niveau de la mer et masqué l'effet des mouvements précédents. C'est alors que des chevauchements d'origine alpine sont venus s'écraser contre

On peut, en adoptant une conclusion de Marcel Bertrand, combiner cette idée avec l'hypothèse de rides orogéniques qui auraient cheminé de l'Ouest à l'Est, en créant des barrages successifs sur le trajet des eaux, en même temps qu'elles accentuaient les sillons déjà existants. La possibilité, la probabilité de ces mouvements vont nous être prouvés par leur extension à la fin du stéphanien. Cependant, nous n'oublierons pas que les sédiments non métamorphiques, sur lesquels s'exerce d'ordinaire avec le plus de facilité l'effort de plissement, paraissent avoir fait défaut ici, à cette époque ; et, sur des massifs de gneiss et de granite, on peut moins parler de plissements que de descentes inégales par blocs et compartiments disloqués.

Nous sommes ainsi amenés à étudier les grands mouvements de la fin du stéphanien, dont ces premières rides auraient été le prélude. Pendant tout le stéphanien, les cuvettes houillères s'étaient déprimées et, probablement, des saillies nouvelles avaient créé des barrages. Peut-être, en même temps, comme je viens de le dire, l'ensemble du Massif subissait-il un affaissement plus général dans sa partie Nord-Ouest. Mais ce n'était rien à côté des refoulements violents qui ont succédé aux remplissages houillers et dont ces remplissages portent aujourd'hui l'empreinte. Il n'y a pas lieu d'insister sur ces faits bien connus. Ce sont de véritables renversements avec charriages analogues à ceux des Alpes que l'on connaît maintenant de tous côtés à Rive de Gier, Rochebelle, La Grand Combe, Langeac, Champagnac, Brassac, Saint-Laurs, etc.[1]. Les mylonites, qui accusent le déplacement d'un grand compartiment du sol au-dessus de terrains soumis à une friction énergique, ont été reconnues à Saint-Etienne, à Montluçon, le long du sillon d'Argental, etc. Et tout ce mécanisme, qui avait préludé depuis le dinantien, a sa phase de paroxysme bien datée, puisque les couches stéphaniennes sont un peu partout plissées en W, tandis que l'autunien, au moins dans ses niveaux supérieurs et le saxonien sont restés horizontaux. Il n'y a donc pas à penser, comme l'idée aurait pu en venir, que les mouvements tertiaires, dont nous allons parler bientôt, soient notablement intervenus ici. Il s'agit bien, sans conteste possible, d'un phénomène hercynien extrêmement violent et dont l'influence a été capitale sur l'allure actuelle de nos bassins houillers. C'est lui qui les a encastrés dans des fosses longitudinales, assurément préparées auparavant, mais déterminées à cette époque et qui, en provoquant l'érosion des parties restées en saillie, les a limités à peu près tels que nous les voyons.

Enfin, pour terminer cet exposé historique, le *permien inférieur*, ou *autunien*, accuse un régime assez analogue à celui de la phase houillère, généralement avec une discordance dans l'Ouest du massif, toujours avec une forte transgression.

la faille des Cévennes, et ont donnés, près d'Alais, les Klippen d'urgonien sur le tertiaire reconnus par M. Termier (*C. R*, 27 mai 1919).

[1] Il est à remarquer que nous ne savons pas si les renversements du Bassin du Nord n'auraient pas eu lieu en même temps, puisque le Stéphanien n'y apparaît pas. Seule, l'intercalation de Sarrebruck entre ce Bassin et le Massif Central est contraire à cette idée.

En principe, on peut dire que cet autunien est resté à peu près horizontal depuis son dépôt, ou n'a été affecté que par de larges ondulations. La discordance est donc nette quand, comme dans le bassin de Buxière, il se trouve à proximité du stéphanien plissé ; elle n'apparaît pas quand ce stéphanien s'est trouvé accidentellement rester lui-même peu incliné, à Sarrebruck, à Autun, etc.[1] On parle souvent de facies marins pour ce permien. Là où j'ai pu l'étudier sur la bordure Nord du Massif Central, je n'y ai jamais vu d'indice marin, quoique l'apparition de petits bancs calcaires, minces et réguliers, puisse en donner l'idée. On observe plutôt des phénomènes de concentration désertique qui, tout en développant les rubéfactions, ont pu provoquer, par endroits, quelques dépôts saumâtres.

Un caractère important pour notre sujet est que le permien, tout en étant nettement transgressif sur le stéphanien, occupe généralement les mêmes zones de dépression. Il existe, comme je le faisais remarquer dès le début, entre le permien et le houiller supérieur, une sorte de connexion, qui ne se retrouve en aucune façon entre le houiller supérieur et le dinantien. La conséquence est que la présence du permien superficiel peut, dans une certaine mesure, diriger le sens des recherches. En forant sur du permien, on peut fort bien atteindre directement au-dessous le substratum primitif sans traverser de houiller ; mais il est rare que le houiller existe en profondeur sans être recouvert de permien.

Après le permien, le Massif Central n'a pas reçu de sédiments nouveaux ; mais il a été soumis aux grandes dislocations tertiaires, traduites par des failles et des dénivellations dont nous avons encore à dire un mot.

Ces *mouvements tertiaires* ont eu une influence toute différente, suivant qu'ils agissaient sur des strates sédimentaires non métamorphisées et ayant gardé leur plasticité, comme dans le synclinal alpin et dans le Bassin de Paris ou, au contraire, sur des massifs solidifiés par le métamorphisme, comme dans les Vosges et le Plateau Central. Dans le premier cas, il y a eu plissement ; dans le second, failles et dénivellations verticales. Les efforts de plissement atteignent leur maximum d'intensité dans la région alpestre ou jurassique et se réduisent, en atteignant le Bassin de Paris, à des ondulations plus amples prenant le caractère de plis posthumes. En ce qui concerne le substratum granito-gneissique de ces terrains secondaires ou tertiaires, on peut admettre qu'il s'est comporté comme sur les massifs anciens, visibles et saillants : c'est-à-dire que les plis de la surface doivent y être remplacés en profondeur par des dénivellations de voussoirs voisins, représentant, sous une autre forme, par cassures et non plus par plissements, des sortes d'anticlinaux et de synclinaux.

On doit encore établir une distinction, suivant que ces cassures tertiaires ont suivi, tout au moins approximativement, les anciennes directions hercyniennes, auxquelles elles se superposaient, ou suivant qu'elles ont été, au contraire, nettement transversales à celles-ci. Par exemple, dans tout le Bassin de Paris, ou

---

[1] On admet la concordance des premiers dépôts autuniens sur le Stéphanien à Sarrebruck, à Autun, à Brives et à Graissessac, comme en Bohême.

même entre le Morvan et les Vosges, il paraît y avoir une certaine conformité des deux phénomènes, tandis que, dans l'intérieur du Massif Central, ou sur sa bordure orientale, les fosses d'effondrement tertiaires de la Limagne, de Roanne, du Rhône, traversent à l'emporte-pièce les directions hercyniennes, avec lesquelles elles n'ont aucun rapport.

Voyons d'abord ce qui apparaît à nu dans le Massif Central, afin d'en conclure ce qui doit exister souterrainement dans les régions recouvertes que nous nous proposons d'explorer et où il n'y a aucune raison pour que ce substratum de même nature et soumis à des forces pareilles se soit comporté différemment.

Dans le Massif Central, on aperçoit surtout l'effet des dislocations tertiaires sur le houiller à l'intersection des fosses transversales de direction Nord-Sud. Les effondrements qui s'y sont produits s'accompagnent, en bordure, d'un morcellement qu'on retrouve très marqué à l'Ouest et à l'Est du Morvan, puis le long des côtes du Charolais et du Mâconnais, ou encore autour des Vosges. En même temps, il a pu se produire, le long de certaines failles, un glissement longitudinal qui a déplacé tel compartiment en plan, tandis qu'il se déplaçait aussi en inclinaison. Il en résulte un gros aléa quand on prétend rechercher à faible distance, comme l'idée en vient d'abord, la suite de certains bassins houillers brusquement coupés par la plaine, tels que celui de Blanzy et, de plus, en admettant que l'on retrouve l'un après l'autre ces tronçons disloqués des couches houillères, on se heurte à des difficultés et parfois à des impossibilités d'exploitation, dont nous devrons bientôt nous souvenir.

Quand on s'écarte davantage de ces grands massifs anciens, le phénomène de dislocation tertiaire peut se définir de la manière suivante : 1° accidents longitudinaux dans le sens des plissements ayant un peu l'allure de plis posthumes et déterminant, comme je le disais tout à l'heure, des sortes de synclinaux et d'anticlinaux ; 2° accidents transversaux aux plis qui viennent compliquer le système précédent et qui constituent finalement une sorte de damier compliqué, dont les cases seraient à des hauteurs différentes.

Il en résulte la réapparition à la superficie, au milieu de régions secondaires, de massifs allongés, ou horsts, autour desquels les cassures ont atteint leur paroxysme, mais qui peuvent être considérés dans l'ensemble comme jalonnant souvent d'anciens dômes granitiques, près desquels le houiller peut occuper des zones surbaissées. Nous aurons à envisager un cas de ce genre, sur la jonction présumée de Blanzy avec Ronchamp, au massif de la Serre.

Ajoutons encore que, plus on se rapproche des Alpes, plus l'intensité des mouvements tertiaires grandit et contribue à rendre la recherche profonde du terrain houiller difficile.

Conclusion. — Si nous cherchons maintenant à tirer une conclusion pratique de cette première étude, nous voyons que le stéphanien, productif de houille, se présente, en résumé, dans deux conditions distinctes : 1° de petits lacs épars, du type de Commentry, Ahun, Brassac, Prades, ou, dans les Vosges, Saint-Hippolyte, dont il n'y a pas possibilité de chercher la suite souterraine, comme le montre assez leur manque de continuité sur les zones visibles des massifs hercyniens ; 2° des sillons à allure synclinale qui, pour une raison quelconque, présentent une continuité prolongée parfois sur une centaine de kilomètres et plus, tels que le Bassin de Sarrebruck, celui du Creusot, le Grand Sillon de Saint-Éloy ou, sur une échelle moindre, Saint-Étienne et, en Vendée, Chantonnay-Saint-Laurs. Ce sont ces derniers seuls qui peuvent être intéressants pour nous et, fort heureusement, ce sont ceux qui dominent sur les deux flancs de la région où nous pouvons songer à placer des sondages : Lorraine, Plateau de Langres et Bassin du Rhône. Ainsi que nous l'avons remarqué précédemment, le Bassin de Sarrebruck est celui où l'extension des dépôts dans l'espace comme dans le temps offre, de beaucoup, les chances les plus favorables. Les charbons y sont encore westphaliens comme dans le Nord. Il représente le terme le plus méridional de formations que l'on peut qualifier de lagunaires, tandis que, plus au Sud et déjà à Ronchamp, elles prennent un type plus localisé et plus lacustre.

Il ne faudra pas oublier, quand nous ferons ces recherches, que l'allure actuelle de ces bassins a été violemment influencée, au début du permien, par une compression latérale ayant abouti à des charriages : compression qui paraît avoir été accompagnée par de véritables failles entre les terrains houillers encore souples et leur substratum granito-gneissique devenu incapable de se plisser. Beaucoup de ces failles ont pu et dû rejouer à l'époque tertiaire. Il en résulte que certains de nos sillons houillers sont, par endroits, extrêmement étroits. Le Grand Sillon Central, le plus prolongé de tous, se réduit parfois à quelques mètres de large, ce qui n'est pas pour faciliter les recherches. Par contre, la même observation conduit à penser que toutes les chances de rencontrer le houiller ne disparaissent pas lorsqu'on atteint la bordure gneissique, puisque le houiller peut parfaitement subsister au-dessous. Mais on n'a pas encore reconnu, pour ces recouvrements, une amplitude susceptible d'élargir beaucoup la zone utilisable. Dans le centre, l'allure de ces accidents ressemble plutôt à celle de failles inverses. C'est plutôt pour les grands bassins de la bordure Est, comme Saint-Étienne et la Grand-Combe, que cette dernière considération devrait être à retenir.

B. Répartition de la houille. — Pratiquement, la rencontre du terrain houiller n'a qu'un intérêt fort médiocre si on n'y trouve pas la houille en quantités utilisables. Cette question ne se pose qu'accessoirement dans les grands bassins réguliers à couches marines, comme ceux du Nord, de Belgique ou de Westphalie. Bien qu'il s'y intercale parfois, dans la série houillère, des centaines de mètres de terrains stériles, néanmoins les couches de combustible sont assez nombreuses et assez continues pour qu'un sondage suffisamment prolongé ait chance d'en traverser. On peut admettre en principe que ces couches utiles se sont développées autrefois sur toute la largeur d'un tel Bassin et il reste à étudier les accidents mécaniques par lesquels elles ont pu être coupées, rejetées en profondeur, ou finalement détruites dans une partie de ce bassin.

Cette observation demeure encore relativement exacte pour un bassin régulier comme celui de Sarrebruck et contribue, dès lors, à lui attribuer un intérêt particulier. Elle est, au contraire, tout à fait erronée dans nos bassins du Centre et, lorsque, pour explorer tel ou tel de ces prétendus « synclicaux », on s'est placé au centre de la cuvette avec l'espoir de recouper les couches de houille en leur point le plus bas et de reconnaître ainsi d'un seul coup toute la hauteur de leur amont-pendage, on est arrivé maintes fois à des insuccès retentissants. La houille, dans le centre de la France, conserve l'irrégularité de dépôt qui caractérise toutes les formations fluviatiles ou lacustres ; ce sont des amas de charbon, ayant toujours été limités dès l'origine : indépendamment même des dislocations postérieures, qui les ont souvent laminés, parfois rassemblés en paquet en un point de rebroussement : amas correspondant, dès le début, à telle ou telle particularité locale, comme le débouché d'un cours d'eau et la production d'un delta torrentiel sur le bord du lac.

Je me suis déjà élevé contre l'idée de synclinal en ce qui concerne l'origine des fosses houillères dans la région du Massif Central. Cette expression serait également vicieuse si l'on entendait par là que les couches de houille constatées sur un bord ont des chances pour se retrouver contre l'autre bord avec un pendage inverse. Il faut généralement se défier des coupes trop théoriques, où l'on a voulu à toute force représenter un semblable synclinal en reliant des affleurements distincts par un raccord imaginaire. On ne rencontre presque jamais de vrai synclinal dans le Massif Central ; la coupe réelle est presque toujours dissymétrique ; les couches existent très fréquemment d'un seul côté et, quand on en retrouve d'autres sur l'autre bord, on s'aperçoit d'ordinaire, en étudiant, soit leur toit et leur mur, soit, quand on le peut, leur flore, qu'elles appartiennent à un niveau différent.

Comme cette question est d'un grand intérêt pratique, je rappelle ici quelques coupes.

Et d'abord deux exemples de bassins étendus, à sédimentation relativement régulière : Sarrebruck et Saint-Étienne.

A Sarrebruck, tout le système, limité à l'Est par une faille de Saint-Avold à Saint-Ingbert, plonge uniformément dans un seul sens vers le Nord-Est pour aller buter contre le dévonien au Nord de Neunkirchen.

La coupe transversale du Bassin de Saint-Étienne est inverse, mais revient au même. On observe une pente générale du Nord au Sud, avec des failles en échelons et un relèvement localisé au Sud, qui ne suffit pas pour faire reparaître les couches houillères. La série débute par 150 mètres de brèche quartzeuse, suivie de 200 à 800 mètres de poudingues avec faisceau de Rive-de-Gier et se continue par le faisceau de Saint-Étienne : par conséquent, dans un ordre de sédimentation logique, avec matériaux de plus en plus classés et fins.

A Autun, le terrain houiller d'Épinac n'existe que sur la bordure Est.

Dans les petits bassins, c'est l'irrégularité la plus complète, mais toujours avec une dissymétrie contraire à la théorie synclinale.

Les coupes traversant l'amas très localisé de Saint-Éloy montrent une sorte d'anticlinal central produit par une compression latérale. Les recherches faites sur le prolongement longitudinal de ce même sillon ont donné des résultats très déconcertants, précisément parce que les paquets de houille y arrivent à peu près au hasard, pour cesser tout à coup brusquement.

Plus au Nord, à Fins-Noyant, les couches reconnues sont sur la bordure Est et plongent vers l'Ouest sans reparaître de l'autre côté du sillon.

A Commentry comme à Montvicq, la couche principale forme une sorte de conque dont l'affleurement dessine un U plus ou moins largement ouvert et se ramifie en s'approfondissant.

A Ahun, des tronçons de couche apparaissent seulement dans la partie centrale du Bassin.

Enfin, dans le Bassin de Faymoreau, où l'on a parfois voulu voir un synclinal, les couches plongent vers le Nord, également sans se relever.

Je laisse ici de côté des cas trop compliqués, comme celui du Gard, où l'on admet un grand charriage qui aurait amené du houiller déplacé sur du houiller en place. Outre que l'interprétation de ce bassin ne paraît pas encore définitive, il est en dehors de la zone que nous voulons étudier ici.

SECONDE PARTIE

TRACÉ HYPOTHÉTIQUE DES SILLONS HOUILLERS DANS LE BASSIN DE PARIS ET LE BASSIN DU RHÔNE [1]

Il est facile de constater au premier examen que les plis armoricains, visibles sur le massif primaire de la Bretagne, se continuent dans tout l'Ouest du Bassin de Paris, par des plissements tertiaires de même direction générale, que l'on peut considérer comme étant superposés à des saillies primaires de même direction ; puis, vers l'Est, ces plis posthumes tertiaires s'effacent peu à peu ; mais on voit leur succéder, en Lorraine, des failles Nord-Est, qui se raccordent à leur tour avec les directions hercyniennes visibles sur les massifs primaires de l'Ardenne et des Vosges. L'ensemble dessine donc un système de courbes qui apparaissent à peu près continues dans le Nord et qui accusent une discontinuité de plus en plus accentuée, avec des fractures de plus en plus nombreuses quand on se rapproche, vers le Sud ou le Sud-Est, des saillies hercyniennes, au voisinage desquelles les dislocations souterraines du socle primaire se traduisent plus directement en dislocations superficielles affectant les terrains jurassiques et crétacés.

Le dessin de ces courbes manifeste un mouvement de resserrement latéral qui aurait rapproché les uns des autres les trois massifs primaires de la Bretagne,

---

[1] On peut suivre cette description sur la planche I qui est une interprétation schématique de la carte au 1 : 100.000^e.

du Massif Central et des Vosges, en comprimant et plissant l'aire d'ennoyage intermédiaire. Tout s'est passé comme si, à l'époque tertiaire, le Massif Central avait été poussé du Sud au Nord, en même temps qu'il subissait lui-même une compression transversale dans le sens Est-Ouest ayant eu pour effet de le disloquer et d'amener des dénivellations entre ses blocs, les uns effondrés, les autres remontés par coincement : mouvement qui a pu même être accompagné par des glissements longitudinaux en plan, le long de certaines failles. Un effort analogue a produit les plis et failles du Bassin de Paris, où ce mouvement s'est compliqué d'un système de dômes et de cuvettes rectangulaires dont il ne faudrait pas exagérer la régularité, mais qui existe cependant. Nous nous proposons de rechercher des sillons houillers souterrains, d'après les indications que peuvent donner, soit la continuité de certaines zones, soit les accidents posthumes dont il vient d'être question. On peut procéder de deux manières : ou bien en allant du connu à l'inconnu, c'est-à-dire en se plaçant près des massifs primaires, ce qui donne des chances de continuité plus grandes, mais amène à faire ces recherches, suivant une remarque précédente, sur des régions morcelées et disloquées ; ou bien, en s'écartant délibérément à plus grande distance du bord, ce qui force à multiplier d'abord les sondages pour resserrer progressivement, d'après leurs résultats, la zone à explorer.

Voulant ainsi étudier le Bassin de Paris, il serait pratiquement peu séduisant d'aller établir des sondages sur le prolongement des plis bretons qui ne renferment pour ainsi dire pas de houille et on est plus naturellement tenté de se diriger vers l'Est où existe déjà le houiller productif. C'est cette région Est que nous allons parcourir du Nord au Sud, en essayant de voir ce que peuvent devenir, sous leur recouvrement secondaire et tertiaire, les sillons houillers dont nous connaissons déjà les affleurements. Il peut, en outre, s'en intercaler d'autres dans l'intervalle ; mais nous ne possédons aucun moyen de les soupçonner.

Au Nord, le bassin houiller franco-belge restera en dehors de notre étude. Il constitue un sujet distinct et, de plus, son allure commence à être suffisamment connue, sauf l'extension possible qu'il peut présenter au Sud sous des charriages.

Ce bassin est limité au Sud, dans l'Ardenne par un massif dévonien dont on admet généralement le prolongement souterrain sous le seuil de l'Artois. Puis vient le golfe du Luxembourg, où l'on a supposé que le houiller pouvait exister, entre Briey et Longwy, bien qu'il n'apparaisse nulle part à la superficie.

1⁰ Sillon du Luxembourg et d'Audun-le-Roman. — Je n'insisterai pas ici sur cette question intéressante, pour laquelle je me borne à renvoyer aux travaux de MM. Nicklès et Joly [1]. D'après ce dernier, il pourrait exister un synclinal houiller commençant vers Villerupt et se dirigeant vers Norroy-le-Sec, avec 8 à 10 kilomètres de large. Ce synclinal (ou plutôt ce sillon houiller) doit, s'il existe,

---

[1] 1902. NICKLÈS. *De l'existence possible de la houille en Meurthe et-Moselle et des points où il faut la chercher* — (Nancy). 1908. JOLY. *Le terrain houiller existe-t-il dans la région Sud de Longwy ?* (Nancy).

reposer sur du dévonien et être probablement recouvert par 400 mètres de permien et 200 à 500 mètres de trias. M. Nicklès considérait que, dans les régions les plus favorables, à Briey ou à Gondrecourt (Ain), il faudrait traverser 1.100 à 1.200 mètres pour atteindre le houiller.

Un sondage fait à Longwy a donné les épaisseurs suivantes : 154 mètres de toarcien, 173 mètres de charmouthien, 118 mètres de sinémurien, 78 mètres d'hettangien, 16 mètres de rhétien, 17 mètres de keuper, 3 mètres de muschelkalk, 29 mètres de grès vosgien, 231 mètres de permien ; puis directement, le dévonien, sans intercalation de houiller. On croit être ici au Nord du sillon houiller présumé, dont l'intérêt pratique serait considérablement accru par la proximité des gisements de fer. Mais, avec ces terrains transgressifs, il est impossible de rien affirmer, ni sur l'épaisseur des couches, variable d'un point à l'autre, ni sur l'extension des divers étages.

Vers l'Ouest, on serait conduit à prolonger ce synclinal hypothétique par Etain et Ville-sur-Tourbe pour aller peut-être rejoindre le synclinal récent de la Somme.

2° Synclinal de Sarrebruck et de Pont-à-Mousson. — Après un nouvel anticlinal dévonien, on arrive au sillon houiller de Sarrebruck, qui rentre davantage dans notre sujet et sur lequel nous allons un peu insister, d'autant plus qu'il est un de ceux que l'on a le plus explorés et qu'on commence par suite à posséder sur lui quelques données positives.

Nous avons déjà eu l'occasion de rappeler comment se présente le terrain houiller de Sarrebruck. Sur un massif saillant en forme d'anticlinal, des couches épaisses de 5.000 mètres plongent en moyenne vers le Nord et sont limitées, au Nord comme au Sud, par deux accidents : au Nord, le relèvement d'un seuil dévonien ; au Sud, au contraire, un affaissement, qui laisse le houiller subsister, mais le rejette à une profondeur inutilisable. On sait, en outre, que ce houiller (westphalien et stéphanien) est recouvert ici par du permien inférieur concordant.

Telle est l'allure apparente figurée par les coupes classiques. Cependant MM. Bergeron et Weiss se sont demandé si le bassin de Sarrebruck et son prolongement en Lorraine française dont il va être question tout à l'heure, ne seraient pas une immense nappe de charriage survenue à la fin de l'autunien et recouvrant un houiller propre à Sarrebruck par un autre houiller venu du Sud-Est. Cette hypothèse, analogue à celle que l'on a émise pour le Bassin d'Alais, expliquerait l'allure de ces couches peu inclinées et laisserait subsister la possibilité de trouver au-dessous un sillon houiller plus localisé et plus fortement plissé, formant racine de plis [1].

Quoi qu'il en soit, l'allongement de ce qui, pratiquement, constitue le Bassin de la Sarre offre une direction parfaitement caractérisée dans le sens N.-E. et nous sommes ici, comme pour le sillon précédent, dans une région où les plisse-

----

[1] *Comptes-Rendus*, 18 juin 1906.

ments posthumes de l'époque tertiaire et même les failles provoquées par eux semblent garder encore une certaine conformité avec les plis souterrains de l'époque hercynienne qui localisent la houille. Un certain nombre d'accidents orthogonaux bien visibles déterminent, en outre, dans le sens de la longueur, des successions de dômes et de cuvettes. Guidé par ces indices, on devait songer à chercher la suite du synclinal houiller entre les deux failles de Gorze et de Nomény, qui prolongent approximativement ses limites aux affleurements (la faille de Nomény prolongeant celle de Saint-Avold, Sarrebruck et Saint-Ingbert).

D'autre part, dès 1902, M. Nicklès, se fondant sur une ligne importante de fractures jalonnant la Moselle, avait fait espérer que, dans la région de Pont-à-Mousson, on aurait un anticlinal arasé, où le permien et le houiller supérieur stérile auraient été balayés avant la transgression triasique et où l'on passerait donc directement du trias supérieur dans le westphalien productif. C'est ce qui s'est passé. En juillet 1904, à l'Est de la Moselle, le sondage d'*Eply*, situé presque sur la frontière, a traversé, à partir de 659 mètres (cote — 480), des schistes rougeâtres et violacés d'apparence permienne, mais à flore westphalienne, avec une petite couche de houille inexploitable à 691 mètres de profondeur (cote — 512) ; puis un faisceau de sept veines formant 6 m. 30 de charbon entre 1.273 et 1.487 mètres (— 1094 à — 1308). Près de là, à *Lesménils*, entre 776 et 1.370 (cotes — 580 et — 1.174), on a trouvé également le westphalien avec des espèces caractéristiques du bassin de Sarrebruck, mais sans houille. Enfin, à *Pont-à-Mousson* [1], en 1905, on a rencontré le houiller à 789 mètres de profondeur (cote — 608) et, vers 819 (cote — 618), une couche de houille de 0 m. 70 dans le westphalien de Sarrebruck. De 819 à 1.287 mètres (cote — 1.106), on a traversé au total quatre couches espacées, d'une épaisseur totale de 2 m. 80. D'autres sondages très multipliés ont été effectués dans un espace restreint autour de Pont-à-Mousson, à Vilcey, Atton, Jezainville, Martincourt, Greney, Dombasle, Abaucourt, Laborde et même, sensiblement plus au Sud-Est, à Brin. Pour en interpréter les résultats, il faut se rappeler la coupe du bassin de Sarrebruck dont il a été question plus haut.

On sait que, dans la Sarre, on trouve, sous les couches stéphaniennes d'Ottweiler recouvertes elles-mêmes de permien et sous les couches westphaliennes supérieures de Geislautern, une série charbonneuse qui constitue à proprement parler le faisceau de Sarrebruck (Westphalien) avec ses 80 couches de houille. Ce faisceau présente lui même deux zones productives, séparées par 350 à 500 mètres de stérile : en haut, les charbons flambants (mittlere Saarbruck Schichten), dont le niveau inférieur correspond au haut du Bassin de Valenciennes ; en bas, les charbons gras des « Untere Saarbrucker Schichten » (zone moyenne de Valenciennes). Les sondages que je viens d'énumérer ont donné, en résumé, les résultats suivants que j'emprunte à un travail de M. Defline [2].

[1] Eply est à la côte 179 : Lesménils à 196 ; Pont-à-Mousson à 181 (Feuilles de Commercy et Sarrebourg).
[2] *The Coal Resources of the world*, 1913, t. II, p. 668.

Tout d'abord, ainsi que l'on s'y attendait, ces sondages ont montré que le permien et le stéphanien manquaient autour de Pont-à-Mousson. On a traversé un manteau épais de lias et de trias à niveaux aquifères, dont l'épaisseur a varié de 659 mètres à Eply, 749 mètres à Atton, 768 mètres à Jezainville et 955 mètres à Greney : c'est-à-dire que, d'une façon très nette, l'épaisseur de ce recouvrement augmente en allant du Nord-Est au Sud-Ouest suivant la direction du sillon houiller, d'environ 300 mètres en 18 kilomètres. Elle augmente également dans le sens transversal quand on s'écarte du dôme axial Eply-Atton. Vers le Sud-Est, le permien reparaît au dessus du houiller. Le sondage de Brin (Nord-Est de Nancy) y est resté jusqu'à 1.205 mètres de profondeur, où on l'a interrompu. L'existence de ce permien peut comporter celle du houiller au-dessous à une profondeur inutilisable. Plus au Sud-Est, celui de Mont-sur-Meurthe, situé sur le synclinal plus méridional de Sarreguemines qui sera étudié plus loin, l'a traversé sur 667 mètres et n'est entré dans le houiller qu'à 1.172 mètres de profondeur.

Le tableau suivant indique, de haut en bas, les étages houillers qui ont été rencontrés, en classant les sondages d'après le niveau stratigraphique de ces étages :

5. Série stéphanienne d'Ottweiler : Vilcey, Abaucourt, Laborde.
4. Flambants supérieurs : Greney, Dombasle.
3. Flambants inférieurs : Pont-à-Mousson, Jezainville, Martincourt, Lesménils.
2. Gras supérieurs : Atton.
1. Gras inférieurs : Eply.

Les sondages de Greney, Lesménils, Vilcey et Laborde n'ont pas trouvé de veines exploitables.

Aucun sondage n'a traversé complètement la formation houillère et n'a touché le fond du bassin.

L'inclinaison des couches est, en général de 10 à 20°, sauf à Lesménils et à Dombasle, où elle atteint 30 à 50°. Ces sondages, qui n'ont encore été suivis d'aucun travail d'exploitation, ne suffisent pas pour se représenter en détail l'allure du terrain houiller ; mais ils en montrent néanmoins l'allure d'ensemble, qui est celle d'un anticlinal dissymétrique passant par Eply et Atton, avec une zone de rupture probable au Sud. Cet anticlinal se reproduit avec atténuation dans le lias superposé et nous remarquerons, à ce propos, en passant, une fois de plus, combien l'expression de synclinal appliquée à ces chenaux houillers est inexacte, tout au moins d'un point de vue pratique, puisqu'ici comme à Sarrebruck même, comme à la Machine et comme dans bien d'autres cas, le houiller conservé affecte l'allure d'un dôme saillant.

Parmi les sondages fructueux, nous avons déjà cité ceux d'Eply et de Pont-à-Mousson. A *Atton*, entre 795 et 1.353 mètres, sur 560 mètres, on a eu 3 m. 50 de charbon en cinq couches ; à *Jezainville*, à 1.037 mètres, une couche de 0 m. 60 ; à *Martincourt*, à 1.180 mètres, une couche de 0 m. 65 ; à *Dombasle*, de

893 à 1.140 mètres, sur 247 mètres, quatre veines de charbon formant 5 m. 10.

A *Abaucourt*, une couche de 2 m. 65, formée de houille à gaz supérieure (Flammenkohlengruppe) a été reconnue à 896 mètres de profondeur (cote — 707 mètres) le 26 juin 1905 par la Société lorraine de charbonnages réunis et, de 896 à 1.220, sur 324 mètres d'épaisseur, on a eu quatre veines formant 5 m. 45. On s'était placé sur une saillie du secondaire accusée par une boutonnière de rhétien et l'on a traversé d'abord le Keuper, le muschelkalk et le grès vosgien.

Le sondage de *Laborde*, situé à 3 kilomètres Sud-Ouest d'Abaucourt, sur la retombée Ouest de la même saillie, est parti de la cote 193 pour atteindre la surface arasée du primaire à — 666 et, après avoir traversé des schistes argileux rouge-brun foncé ou gris verdâtre, puis 30 mètres de conglomérats (couches d'Ottweiler?), il a atteint, à la cote — 800, une petite couche de houille inutilisable de 0 m. 20, que l'on a considérée comme supérieure stratigraphiquement à celle d'Abaucourt.

Tout cet ensemble, sans être industriellement très brillant, vu la profondeur du houiller, la difficulté de traverser les niveaux aquifères superposés, enfin la minceur et la dispersion des couches, n'en constitue pas moins une indication et une promesse qui a très vivement attiré l'attention. Aussi doit-on envisager la possibilité de chercher le prolongement encore plus occidental de cette traînée charbonneuse : recherche d'autant plus indiquée que, comme je l'ai fait observer avec insistance, la traînée de Sarrebruck offre des chances de régularité et de richesse en combustibles que l'on ne peut guère espérer dans les sillons plus méridionaux. Évidemment, l'épaisseur des morts-terrains vers le Sud-Ouest est une condition défavorable ; mais, en s'écartant suffisamment, on retrouverait peut-être un relèvement du houiller.

Au delà de Pont-à-Mousson, il est logique de prolonger par continuité le synclinal vers Euville, Chevillon et Vassy, à des profondeurs sans doute assez grandes, mais sur lesquelles nous n'avons aucune donnée.

Le long de la Marne, il existe un important accident transversal Nord-Sud, rappelant celui de la Moselle qui a amené le relèvement de Pont-à-Mousson : accident qui paraît être ici un dernier écho septentrional des accidents de même direction situés à l'Est du Morvan. Nous devons donc entrer là dans une zone tectonique différente : la zone où se produit le rebroussement (Scharrung) des plis hercyniens, et où le synclinal est susceptible de changer de direction, en même temps qu'il a pu subir des dénivellations verticales.

Si, en effet, il subit là une déviation dans le sens Est-Ouest, on peut l'imaginer dirigé vers Arcis-sur-Aube et, peut-être, de là, vers la vallée de la Seine ou le pays de Bray [1]. Mais, dans l'ignorance totale où nous sommes sur le substratum de ces régions, on peut également supposer que sa déviation dans le sens Nord-

---

[1] Un sondage sous le Pays de Bray rentrerait dans les entreprises intéressantes à envisager, puisqu'on pourrait là partir directement du jurassique, sans avoir à traverser ni crétacé ni tertiaire.

Ouest se fait seulement un peu plus loin vers l'Ouest. On serait alors conduit à le faire passer par Chaource, Flagny et Seignelay, au Nord de l'anticlinal des Riceys. Après quoi, obliquant décidément vers le Nord-Ouest entre les anticlinaux de Senonches et du Merlerault il irait rejoindre le Bassin houiller normand de Littry, sur lequel on a fait en 1917 deux sondages infructueux. Je sais bien que ce bassin de Littry comprend seulement du stéphanien supérieur (avec une abondance extrême de roches éruptives), alors qu'à Sarrebruck, nous avons du westphalien ; mais, dans toute hypothèse, le sillon, en admettant même sa continuité bien hypothétique, a dû changer de caractère sur ce long intervalle et il a pu perdre ses termes inférieurs.

Dans le second tracé que nous venons de supposer, la zone houillère passerait au Nord du Morvan, où elle a toutes les chances pour avoir été remontée vers la surface, comme l'ensemble du Morvan lui-même. Mais il ne semble pas qu'elle ait pu l'être assez pour avoir amené ce houiller à une profondeur où il deviendrait utilisable. Dans la région la mieux placée pour un sondage, vers Chaource ou Flagny-sur-Armançon, on aurait à traverser, suivant toutes vraisemblances, 100 mètres de crétacé inférieur, 500 à 600 mètres de jurassique et de lias, 150 à 200 mètres de trias, peut-être 300 mètres de permien. Il semble donc que, si l'on voulait tenter une recherche au Nord du Morvan, comme cela semble assez indiqué, il conviendrait de se placer plus au Sud, sur le passage présumé d'un des autres sillons que nous allons maintenant examiner.

3° Synclinal de Sarreguemines, Lunéville et Gironcourt. — A l'Est du bassin de Sarrebruck et après une première dénivellation par faille qui fait affleurer le grès rouge, on aperçoit l'amorce d'une saillie nouvelle correspondant à la région de Nancy ; puis un second synclinal, passant au Sud de Sarreguemines, se dirige vers Mont-sur-Meurthe, près Lunéville (feuille de Lunéville) et Gironcourt (feuille de Mirecourt).

L'attention a été attirée de ce côté par un premier sondage qui a trouvé le terrain houiller à *Mont sur Meurthe* (6 kilomètres S. E. de Lunéville), lors de la campagne de sondages de Nomény-Pont-à-Mousson. Dans ce sondage, on avait traversé, à 1.172 mètres de profondeur (environ vers la cote — 920), une couche de houille inexploitable. Plusieurs années après, en 1909, un autre sondage, effectué à *Gironcourt-sur-Vraine*, à 15 kilomètres Ouest de Mirecourt par le Syndicat vosgien de recherches minières, eut plus de succès et détermina une campagne de sondages qui jalonne maintenant la traînée sur 140 kilomètres de long de Mont-sur-Meurthe à Brion-sur-Ource, près Châtillon-sur-Seine. Sans m'occuper de l'ordre chronologique dans lequel ont été entrepris ces sondages, je vais en résumer rapidement les résultats dans l'ordre où nous les rencontrons sur la carte en allant du Nord-Est au Sud-Ouest.

Nous trouvons ainsi, après Mont-sur-Meurthe, *Jevoncourt* (Meurthe-et-Moselle, à la limite du département des Vosges (feuille de Nancy)), où on a recoupé le

---

¹ NICKLÈS. *C. R.*, 1ᵉʳ févr. 1909.

houiller stérile (3 janvier 1912) à 1.158 mètres de profondeur, environ vers la cote — 858. La surface du terrain houiller se relève donc manifestement du Nord-Est au Sud-Ouest, de Mont-sur-Meurthe (— 920 mètres), à Jevoncourt (— 858 mètres), et ce mouvement continue, comme nous allons le voir, vers Gironcourt (— 472 mètres).

Le sondage de *Gironcourt*[1], parti de la cote environ 330, a traversé, à 672 mètres de profondeur (soit environ — 472 mètres), une houille grasse épaisse de 0 m. 70 ; puis, à 823 mètres, une autre couche divisée en deux lits de 0 m. 40 et 0 m. 20 séparés par 0 m 40 de schistes. Ce houiller fut jugé analogue à l'assise d'Ottweiler, déjà reconnue à Abaucourt. On avait traversé auparavant 20 mètres de sinémurien et bettangien, 30 mètres de rhétien, 144 mètres de marnes irisées, 164 mètres de muschelkalk, 54 mètres de grès bigarré, 108 mètres de grès vosgien, 162 mètres de permien. Une constatation intéressante est qu'en 50 kilomètres, depuis Mont-sur Meurthe, le grès vosgien a diminué, en allant du Nord au Sud, de 320 à 108 mètres et le permien de 700 à 162 mètres. Cette diminution d'épaisseur du manteau superposé et le relèvement du houiller qui en est la conséquence ont fait bien augurer de cette région, qui est, d'ailleurs, la seule sur ce sillon où l'on ait trouvé récemment de la houille[1].

Cependant, il est à remarquer qu'à 2.400 mètres Sud-Est de Gironcourt, le sondage de *Saint-Menge* a rencontré, à 488 mètres (soit environ — 300), du terrain métamorphique, sans avoir traversé aucun houiller et après avoir recoupé le permien sous 40 mètres d'épaisseur (contre 162 à Gironcourt). La conclusion naturelle à en tirer est que l'on a dépassé là le bord Sud-Est du sillon houiller, sur lequel le permien empiète transgressivement en biseau, suivant l'allure que nous lui connaissons très généralement. Il y a d'autant moins à s'en étonner que nous sommes ici fort près des réapparitions granitiques du massif des Vosges. Il suffit de franchir, vers le Sud-Est, une vingtaine de kilomètres pour trouver des affleurements de gneiss à la cote + 370.

Cette impression se trouve confirmée par le sondage suivant d'*Aulnois* (Sud-Est de Neufchâteau), feuille de Mirecourt, qui paraît lui aussi avoir atteint le bord Est de la traînée, à moins de supposer (ce qui demeure pourtant possible) un sillon très étroit ou même atrophié passant entre Aulnois et Gironcourt. On a atteint là le gneiss à 414 mètres de profondeur (cote environ — 69 mètres) sans avoir traversé le houiller.

Il faut ensuite franchir une cinquantaine de kilomètres pour trouver, exactement sur le même alignement, le sondage également négatif de *Foulain* (10 kilomètres Sud-Est de Chaumont ; feuille de Chaumont).

Parti environ de la cote 300, on a traversé :

---

[1] M. Nicklès a pu, en dressant la carte topographique souterraine rapportée à la surface du rhétien, montrer l'existence de nombreux dômes et cuvettes, avec un système de failles multiplié.

Bajocien	34 mètres
Toarcien	74 mètres
Charmouthien.	40 mètres
Sinémurien et hettangien . . .	30 mètres
Rhétien	28 mètres
Keuper et muschelkalk	165 mètres
Grès bigarrés	29 mètres
Grès à grains rouges (?). . . .	4 m. 70
Gneiss	

Le gneiss a été ainsi atteint sans intervention de permien au moins en quantité appréciable et ce gneiss est environ à la cote — 114 au lieu de — 69 : ce qui, si l'on devait en tirer une conclusion, tendrait à faire croire qu'on s'est éloigné davantage du massif cristallin.

Enfin, à *Brion-sur-Ource*, un peu au Nord-Est de Châtillon-sur-Seine (feuille de Châtillon), un sondage, parti environ de la cote 200, a traversé :

Bathonien	173 mètres
Bajocien	27 mètres
Toarcien	32 mètres
Charmouthien.	94 mètres
Sinémurien et hettangien . . .	64 mètres
Rhétien	10 mètres
Keuper	29 mètres
Muschelkalk	13 mètres
Grès bigarré	44 mètres
Gneiss	

Le gneiss a été atteint ici à 500 mètres de profondeur, vers la cote — 300, également sans intercalation de permien.

Quand on compare les épaisseurs des divers terrains dans ces deux derniers sondages, on voit des anomalies manifestes ; tandis que les uns augmentent d'épaisseur, les autres diminuent, sans qu'on aperçoive une conclusion à en tirer. On peut seulement remarquer que le gneiss est, à Brion, notablement plus profond qu'à Foulain. Sur la pente générale du sous-sol dans le Bassin de Paris, on se serait donc éloigné davantage de la bordure.

En présence de ces deux derniers sondages, on retrouve la question que nous avons posée pour Saint-Menge. En admettant que le sillon houiller continue et ne soit pas coincé — ce qui, pour bien des raisons exposées dans la première partie, n'est nullement certain — est-on au Nord ou au Sud de ce sillon ? La première hypothèse revient à faire passer celui-ci au Sud d'Aulnois en s'écartant de plus en plus vers le Sud de l'alignement suivi avec un peu trop d'obstination par les sondages. On se dirigerait alors, par Langres, vers Aignay et, de là : soit vers Sincey (hypothèse pratiquement défavorable) ; soit, au Nord du Morvan, vers Montbard, l'Isle et Arcy-sur-Cure. Dans le second cas, le sillon houiller, dont Gironcourt ne représente évidemment que le flanc Sud, s'infléchirait vers l'Est suivant une direction esquissée par quelques accidents géologiques sur la feuille de Chaumont. Il passerait au Nord de Chaumont, puis vers la Ferté-sur-Aube et Mussy.

On peut regretter qu'avant de continuer des efforts inutiles vers l'Ouest, on n'ait pas d'abord tranché cette question par un ou deux sondages sur la transversale d'Aulnois ou sur celle de Foulain, en commençant par chercher au Nord d'Aulnois ou plus près de Gironcourt et, en cas d'insuccès, au Sud du même point, dans la direction de Bugnéville. C'est le premier travail qui s'impose encore actuellement. La logique veut que, pour déterminer le passage d'un sillon longitudinal, on ne disperse pas ses efforts sur la longueur : il faut les sérier perpendiculairement à son axe, comme lorsqu'on recherche, sous les terrains superficiels, l'affleurement d'un filon.

Dans l'état actuel de nos connaissances, les trois tracés que je viens d'indiquer sont possibles et l'on peut également admettre la quatrième hypothèse proposée, suivant laquelle le sillon houiller se serait coincé et fermé, comme le fait, par exemple, au jour, celui d'Epinac.

Cependant les caractères de la sédimentation dans le Bassin de Sarrebruck font espérer qu'il n'en est pas ainsi ; et alors, s'il faut exprimer une préférence entre les trois tracés proposés, je pencherais plutôt pour le tracé le plus septentrional. Sincey, avec lequel le troisième tracé Sud établirait un raccordement, contient uniquement du stéphanien dans les conditions de dépôt lacustre localisé qui sont celles du Massif Central. Je ne fais pas de cette observation un critérium absolu : ces zones lacustres à dépôts localisés ayant pu se trouver remplies, aux divers points de leur parcours, à des époques différentes, ainsi qu'on croit l'observer sur le Grand Sillon Central. Si une exploration (sans doute peu profonde) entre Aulnois et Bugnéville, ou entre Foulain et Langres, venait à montrer qu'Aulnois, Foulain et Brion sont au Nord du sillon houiller, ce serait alors du côté de Montbard, Anstrudes et l'Isle-sur-Serein, par exemple vers Anstrudes, qu'on devrait en chercher le prolongement. Vers Anstrudes (cote 300), on partirait du lias supérieur et l'on rencontrerait, par conséquent, le socle primitif (roches cristallines ou terrain houiller), — avec interposition possible de permien dans le second cas —, vers 200 à 250 mètres de profondeur (feuille d'Avallon). De toutes façons, un relèvement du socle cristallin (houiller compris, au Nord du Morvan est très probable et trois ou quatre sondages échelonnés du Sud au Nord, à Anstrudes, Cruzy et Flagny. sembleraient intéressants à tenter, en se dirigeant sur les résultats obtenus par l'exploration de la première transversale d'Aulnois.

4° **Synclinal d'Epinac.** — Le Morvan présente trois synclinaux houillers particulièrement nets : ceux de Sincey, d'Epinac et de Blanzy, à la suite desquels vient une zone carbonifère dinantienne sans houiller productif, celle de Cluny, suivie à son tour par la trainée houillière de Saint-Etienne.

Le raccordement de ces synclinaux avec ceux des Vosges est difficile. Dans les Vosges, il n'existe, en effet, qu'un synclinal houiller visible, celui de Ronchamp qui s'accompagne de Dinantien et, au Nord, un autre synclinal, où le permien apparaît avec le dinantien. sans houiller productif, celui de Saint-Dié.

Les seules remarques précises que l'on puisse faire pour esquisser un raccordement des deux régions sont fournies par deux curieuses réapparitions du soubassement cristallin en plein détroit jurassique : d'une part, au Sud de Blaisy-Bas ; de l'autre à la Serre, près d'Auxonne. Toutes deux ont le caractère de massifs saillants, autour desquels les terrains jurassiques, qui les ont autrefois recouverts, se sont effondrés et faillés. Mais, tandis que le massif de la Serre est à la limite des plaines quaternaires de la Saône, sous lesquelles les terrains primaires ont pu se trouver enfoncés à une grande profondeur, Blaisy-Bas semble un accident moins anormal sur un axe de roches cristallines que l'on peut supposer rester à l'Est et à l'Ouest à faible profondeur sous le recouvrement secondaire. Il est très possible, surtout dans la partie Ouest où le trias doit être moins développé, que le socle primitif se maintienne sur la zone que l'on appelle l'axe de la Côte-d'Or, à moins de 300 mètres de profondeur.

La position du Bassin d'Epinac par rapport à cet anticlinal conduirait à supposer, au Sud, un synclinal houiller qui passerait vers Dijon et Tanay et qui pourrait être un bras Nord du sillon de Ronchamp. Dans cette idée, le trajet de ce sillon pourrait être jalonné à la surface par le synclinal tertiaire, où s'alignent les lambeaux crétacés de Tanay, Mirebeau, Vezet et Gray [1].

Je me borne à indiquer cette idée, sans en déduire la proposition d'un sondage, dans lequel j'aurais peu de confiance, quel que fut son emplacement. On sait que le synclinal d'Epinac se coince très visiblement à l'Est d'Epinac (voir la feuille de Beaune) et, en admettant même, comme on y a pensé, une relation avec le petit lambeau d'Aubigny-la-Ronce, il n'y a rien là d'encourageant. D'ailleurs, une recherche a été faite par le Creusot pour étudier la prolongation de ce synclinal sous le jurassique. Les premiers résultats obtenus semblent démontrer la prolongation tectonique du synclinal vers le Nord-Est, mais sans accompagnement de houiller. La réapparition du trias entre deux failles à Mavilly et à Meloisey est conforme à cette idée.

5o Synclinal de Ronchamp. Relations avec le Massif de la Serre. — L'idée d'une continuité possible entre les terrains houillers de Ronchamp et ceux du Morvan est, on peut le dire, immédiatement suggérée par le premier examen d'une carte géologique d'ensemble et, périodiquement, on propose des recherches sur cet alignement. Des deux côtés du détroit de Langres, on trouve, en effet, dans les Vosges et dans le Morvan, les affleurements de terrains primaires avec les mêmes directions Nord-Est-Sud-Ouest dites varisques. Leur disparition superficielle dans l'intervalle n'a pour cause qu'un affaissement tertiaire entre les deux horsts des Vosges et du Morvan. On peut donc affirmer, dans l'ensemble, que, sur tout cet espace recouvert par le secondaire ou le tertiaire, un socle pri-

---

[1] Ce crétacé de la feuille de Gray comprend un peu de néocomien, d'aptien, d'albien et de craie chloriteuse.

maire se continue, avec des terrains affectant la même direction générale Nord-Est-Sud-Ouest que sur les bords [1]. Ce socle contient, sans doute, parmi ces terrains primaires, eux-mêmes intercalés au milieu de roches cristallines, des zones de houiller productif et de permien. On arrive ainsi à admettre la possibilité qu'il puisse exister, dans cet intervalle, un bassin houiller productif, plus ou moins disloqué, plus ou moins fourni de houille, mais analogue à ceux qui se présentent sur les horsts primaires visibles à la superficie, et la perspective de pouvoir, avec un peu de chance, tomber sur un autre Blanzy est assurément séduisante.

On peut même aller plus loin et, grâce à la réapparition du massif granitique de la Serre, on possède un jalon précieux qui permet de tracer logiquement, avec vraisemblance, l'un de ces sillons houillers depuis Ronchamp jusqu'aux environs d'Auxonne.

Ce bassin houiller, s'il existait véritablement au Nord du Massif de la Serre et s'il reliait ainsi, avec continuité Blanzy à Ronchamp, comme on l'a un peu trop facilement admis, constituerait un accident important de l'écorce terrestre : accident qui serait alors reconnu sur près de 300 kilomètres de long et qui, en raison de sa continuité dans le sens de la longueur, pourrait également présenter de l'homogénéité dans la distribution de ses matériaux.

Telles sont les considérations favorables qui sautent, on peut dire, aux yeux et qui ont fait maintes fois proposer une exploration profonde aux environs d'Auxonne. La question vaut d'être examinée en détail. Mais j'annonce cependant aussitôt que, comme conclusion industrielle, j'ai peu de confiance dans les résultats pratiques de recherches semblables qui, même si elles aboutissaient à trouver le houiller, auraient des chances pour le rencontrer seulement à une profondeur presque inutilisable, dans des conditions de morcellement et de pauvreté rendant son exploitation infructueuse.

Ainsi que l'étude de détail va nous le montrer, dans les longues régions où ce houiller affleure et où il serait naturel de commencer par l'utiliser avant d'aller chercher son prolongement inconnu, il y en a fort peu où il ait eu de la valeur : en tout, une dizaine de kilomètres à Blanzy, quelques kilomètres à Ronchamp, quelques kilomètres au Creusot. Ce serait donc, de ce fait seul, un grand hasard, lorsqu'on aura reconnu le houiller, que de tomber sur un point où il sera exploitable. En particulier, le prolongement direct vers l'Est de la zone productive de Blanzy est détestable, comme paraît l'être le prolongement en sens inverse de la zone productive de Ronchamp, si limitée dans tous les sens. Ajoutons que, dans le voisinage des dômes primitifs où l'on peut voir d'utiles jalons, par exemple vers la Serre, ou sur le prolongement immédiat de la zone de

[1] La solidarité, dont je viens de parler entre les Vosges et le Morvan, était déjà reconnue par Élie de Beaumont et par Trautmann (*description du bassin de Ronchamp*, p. 112), qui signalaient (en y insistant peut être un peu trop) la ressemblance frappante des bassins d'Épinac et de Ronchamp, leur similitude d'âge géologique, l'identité du nombre des couches, etc. Il a été plus naturellement admis par de nombreux géologues que Ronchamp se reliait avec le bassin houiller Blanzy-Bert, comme nous allons l'admettre.

Blanzy, vers Chagny, ce houiller a toutes les chances possibles pour être extrêmement disloqué et faillé.

L'étude de détail que nous allons faire en parcourant successivement toute la longueur de ce sillon depuis Ronchamp jusqu'à Bert et même au delà va nous permettre de préciser et d'indiquer mieux dans quelle mesure on pourrait être néanmoins tenté d'élucider un problème qui a ses côtés très séduisants.

Si nous commençons donc par *Ronchamp*, on sait qu'au Nord de Ronchamp, il affleure, sur environ 4 à 5 kilomètres de long, une étroite bande de houiller productif pouvant avoir 500 mètres de large (voir la carte, fig. 1 et les coupes fig. 2 et 3). Ces affleurements, situés vers la cote 380, s'adossent au Nord contre une formation primaire marquée *hd* sur la feuille de Lure : formation qui comprend : 1° à sa partie supérieure, des orthophyres et des tufs des mêmes roches, des brèches rouges et vertes, des schistes noirs avec lits d'arkose et 2°, dans sa partie inférieure, un complexe de roches vertes pyroxéniques et amphiboliques.

Envisagé sur une coupe Nord-Sud, au Sud de Ronchamp, le houiller (stéphanien) s'approfondit rapidement. En deux kilomètres, sa base vient à 242 mètres au-dessous de la mer (son épaisseur étant de 208 mètres). A l'Ouest d'Eboulet qui marque un léger soulèvement relatif, la base du stéphanien est à —317 mètres (son épaisseur étant réduite à 117 mètres). Enfin, à l'Est de Magny (3.800 mètres de l'affleurement), la base descend à — 640 mètres pour une épaisseur de stéphanien égale à 244 mètres (voir ces sondages sur la feuille géologique de Lure). On rencontre là un commencement de plateau pouvant durer 4 kilomètres jusqu'à la concession du Lomont où cinq sondages ont été effectués. Deux à l'Ouest ont traversé le houiller de — 390 à — 646 et de — 592 à — 794 ; un à l'Est de — 313 à — 343. Dans ce sens de l'Est, le stéphanien se relève rapidement pour venir affleurer à 2 kilomètres Est du sondage, au Sud d'Etobon et Chenebier, vers la cote + 378, où il ne renferme pas de houille. Le synclinal houiller est donc complet avec soubassement dévonien au Sud ; mais, pratiquement, cette bordure Sud n'a rien donné et la concession du Lomont, à peine instituée, a été abandonnée.

Ce synclinal, dont nous allons étudier tout à l'heure les modifications dans le sens longitudinal, est, comme la plupart de ceux que nous étudions ici, recouvert par du permien transgressif, dont la présence peut diriger dans la localisation du houiller souterrain, dont elle indique en principe l'extension maxima.

Ce permien, généralement discordant sur le houiller, est de constitution très variable et présente parfois des discordances intérieures entre les argilolithes qui forment sa base et les grès rouges qui les surmontent.

Le Bassin houiller de Ronchamp ne possède qu'une seule entreprise en activité, la Société des houillères de Ronchamp, propriétaire des deux concessions de Ronchamp et d'Eboulet. L'exploitation a lieu au moyen de trois puits, le puits du Chanois vers la limite Sud de la concession de Ronchamp, le puits du Magny vers la limite Nord de la concession d'Eboulet et le puits Arthur de Buyer, dans la région centrale de cette dernière,

Le terrain houiller de Ronchamp se divise en deux étages : l'étage inférieur généralement inutilisé sauf à Mourière (Nord-Ouest de Ronchamp), où on a fait un dernier essai d'exploitation entre 1872 et 1880 [1] et l'étage supérieur, le plus riche en houille (stéphanien supérieur), qui est le seul exploité à Ronchamp et Eboulet.

La puissance du terrain houiller augmente en moyenne quand on s'éloigne du Nord-Est au Sud-Ouest, à partir de l'Est où se fait le coincement superficiel. La direction moyenne est de 110 à 120° Est dans la partie supérieure des travaux de Ronchamp. Dans le fond des travaux du Magny, elle est Est-Ouest et, plus au Sud, elle oblique encore davantage vers le Nord-Est-Sud-Ouest.

L'étage supérieur est formé de schistes, grès et poudingues avec fer carbonaté lithoïde. Cet étage contient trois couches de houille, dont la puissance et la nature varient très rapidement : première couche, couche intermédiaire et deuxième couche. Au puits Saint-Charles on a 8 m. 32 de houille (ou 6 m. 72 en retranchant les diverses barres), sur 28 mètres d'épaisseur. Au puits Saint-Joseph, la formation a 14 m. 50 d'épaisseur, dont 9 mètres pour les trois couches de houille, qui se réduisent à 7 mètres en retranchant les barres. L'épaisseur des couches respectives au puits Saint-Charles est de 3 mètres, dont une barre de 0 m. 30 ; puis 0 m. 75 pour la couche intermédiaire ; enfin 4 m. 57, dont 1 m. 50 de barres, en cinq bancs pour la deuxième couche. Vers l'Ouest, les couches de houille se divisent et s'éparpillent. Une zone de plus grande richesse est orientée du Nord-Est au Sud-Ouest à partir des affleurements. Vers le Sud, elle paraît s'incliner dans la direction du Sud pour passer entre le puits Arthur de Buyer et le puits de Magny. Des deux côtés, l'appauvrissement est rapide.

L'étage inférieur est très feldspathique. Il s'y intercale des parties brécheuses empâtant des fragments de schistes encore anguleux avec des galets de grès arrondis.

Pour Trautmann, le courant houiller venait du Nord-Ouest, où il devait exister des terres basses émergées. C'est pourquoi les poudingues jouent un rôle croissant quand on va dans ce sens [2],

Enfin des diagrammes de Trautmann lui ont montré que le stéphanien a été soulevé depuis le dépôt du grès rouge et cela beaucoup plus au Nord qu'au Sud.

Parcourons maintenant cette traînée houillère dans le sens de son allongement général Nord-Est-Sud-Ouest. Dans le sens de l'Est, on peut remarquer que le bassin houiller s'appauvrit et se coince rapidement (sondages de Champagney, Frahier, etc.). Quant on arrive à Etuchon-Haut et Rougemont, le manteau permien, qui disparaît là un moment, laisse voir les affleurements de dinantien et de dévonien accolés sans apparition de stéphanien productif. C'est un peu l'équivalent de ce qui se passe à l'Est d'Epinac. Diverses tentatives de recherches, qui ont été faites pour trouver, dans ce sens, le prolongement Est du Bassin de Ron-

---

[1] Il a été renoncé à cette concession le 5 nov. 1891.
[2] Le granite reparaît en divers points à travers le terrain *h d*.

champ, ont été infructueuses, quoique le stéphanien affleure encore au Nord-
Est de Belfort, à Roppe et à Bour.

Le coincement vers l'Est paraît se faire bien avant Rougemont. A Frahier, il
semble déjà, dans le sondage, que le houiller utile manque. Plus loin, l'affleurement de Roppe est sur un autre synclinal, puisqu'il est au Sud du dévonien avec
plongement Sud.

Cette zone de l'Est ne nous intéresse ici que comme montrant l'allure générale
de ce sillon houiller. Au contraire, vers l'Ouest, nous nous rapprochons peu à
peu des régions que nous pourrions être tentés d'explorer. Dans ce sens de
l'Ouest, on n'a pas le même coincement, la même fermeture absolue du bassin
qu'à l'Est ; mais, comme nous allons le voir, l'augmentation de profondeur est
rapide, en même temps que l'appauvrissement est sensible. Ainsi, de Chenebier
au Sud du Lomont, en 6 kilomètres Est-Ouest, la base du stéphanien subit une
dénivellation de 1.200 mètres. De telles ondulations dans le profil en long des
synclinaux sont un des gros éléments d'incertitude, avec lesquels il faut compter
dans les sondages.

D'autre part, les recherches nombreuses qui ont été faites pour trouver les
prolongements Ouest, Sud-Ouest ou Sud du Bassin de Ronchamp, ont été en
résumé toutes défavorables, bien qu'elles aient abouti à l'institution de deux
concessions inexploitées : celle du Lomont, le 26 juillet 1904 et celle de Saint-
Germain, le 16 mai 1914. Malgré cette conclusion fâcheuse, les sondages effectués nous apportent un utile enseignement et il y a lieu d'en exposer les résultats principaux. Nous les diviserons en quatre groupes, du Nord au Sud :
1° Sondage de Malbouhans ; 2° Sondages de Saint-Germain et de la Brosse (près
Lure) ; 3° Sondages de Frotey-les-Lure et Etroite-Fontaine, vers Villersexel) ;
4° Sondages de la région du Lomont à la Pissotte, Béverne et Courmont. La plupart de ces sondages sont marqués sur la carte géologique de Lure ; les plus
méridionaux se trouvent sur celle de Montbéliard.

1° Le sondage de *Malbouhans* (fig. 1) a été fait en 1873 par la compagnie
de Mourière. Il est parti environ de la cote 323 et a traversé :

Alluvions.	5 m. 70
Grès bigarrés	70 m. 15
Grès vosgien.	15 m. 10
Permien.	121 m. 60
Houiller stérile.	162 m. 25

pour entrer dans le dinantien également stérile à 374 mètres de profondeur.

2° A la Brosse, on est entré dans le houiller à 220 mètres de profondeur et, à
Saint-Germain, on y est entré à 514 mètres. Une coupe réunissant les sondages de
Saint-Germain et de *Lure* (la Brosse) suivant une direction Nord-Est-Sud-Ouest
(fig. 2) montre le permien et le stéphanien augmentant d'épaisseur dans le sens du
Sud-Ouest. Il semblerait également en résulter que le houiller doit venir affleurer
vers la Goulotte au Sud-Ouest de Melisey, sous la transgression du grès des
Vosges : ce point représentant la prolongation de l'affleurement de Ronchamp et

la Mourière. Le houiller traversé a, d'ailleurs, été absolument stérile, bien qu'un rapport de M. Fournier ait annoncé l'existence à Saint-Germain d'une couche de houille de 0 m. 60 à 240 m. 50 de profondeur : couche qui, d'après le Service des Mines, se composerait seulement de schistes noirs à nombreux filets charbonneux variant de 2 à 10 millimètres. A la Brosse, on n'a même pas recoupé de schistes charbonneux.

3° Les sondages de Frotey et d'Étroite-Fontaine sont dus à la Société de Gou-

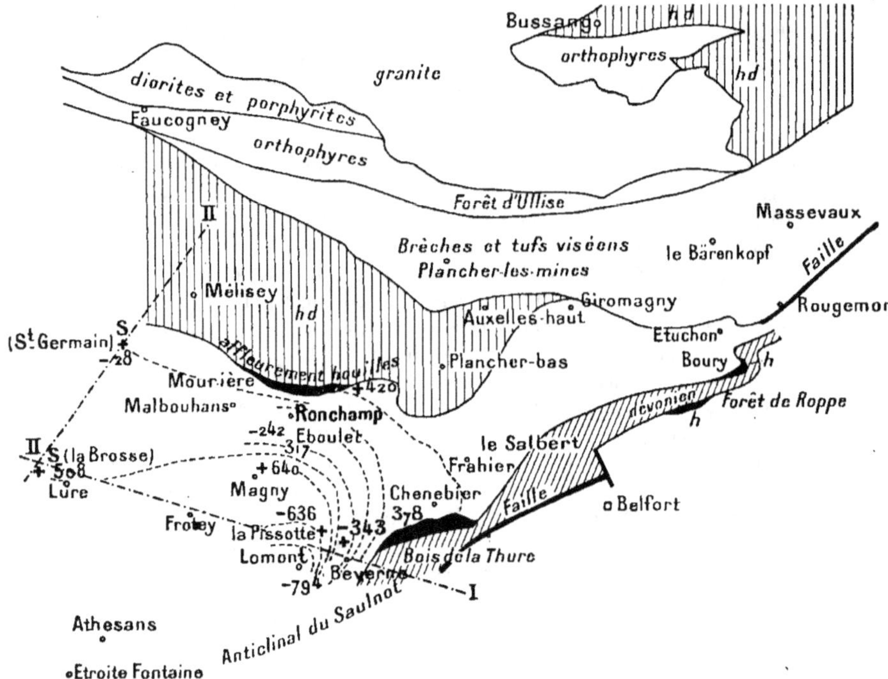

Fig. 1. — Croquis géologique de la région de Ronchamp avec courbes de niveau représentant la base du stéphanien.

(Les + indiquent des emplacements de sondages. Pour les cotes correspondant à la base du stéphanien, il faut lire — 317 — et — 640 près de Magny et — 508 à la Brosse ; Bouy au lieu de Boury ; affleurement houiller et non houilles, à Ronchamp.

henans. A *Étroite-Fontaine* (1904), en partant de la cote 302, on a traversé, sous le trias, un lambeau de permien, puis, de 260 mètres à 460 mètres, du porphyre pétrosiliceux rattaché au dévonien métamorphique : le tout montrant le prolongement de l'anticlinal dévonien qui affleure aux bois du Saulnot (feuille de Montbéliard).

A *Frotey* (1906), vers la cote 330, un sondage entrepris sur le conseil de M. Nicklès est resté dans le permien jusqu'à 1.195 mètres de profondeur après l'avoir traversé sur plus de 900 mètres : ce qui témoignait, pour le permien, d'un accroissement très rapide à partir du puits de Magny. L'existence d'une fosse houillère sur ce point reste donc possible, mais à une profondeur inutilisable.

Enfin, 4° les sondages de la région du Lomont ont donné d'abord quelques espoirs, bientôt déçus. Dans ce sens, tous les terrains se relèvent vers une zone de

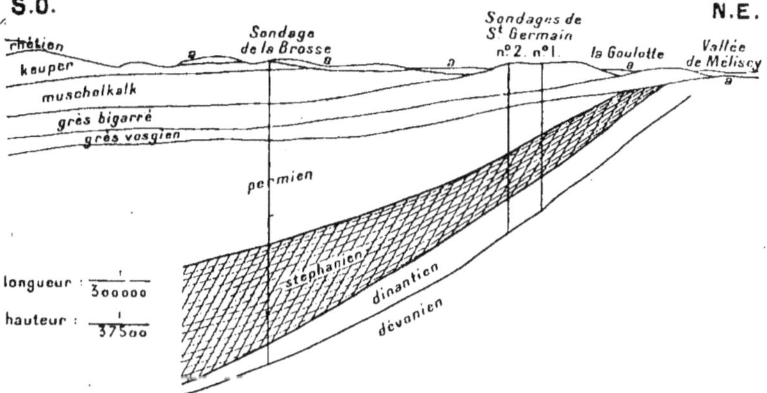

Fig. 2. — Coupe vertical H N.-E.—S.-O. du bassin de Ronchamp par la Brosse et Mélisey, d'après M. Japiot.

dévonien qui constitue l'anticlinal du Saulnot. Au-dessus du dévonien, le dinantien et le stéphanien affleurent au Sud de Chenebier, bientôt recouverts en stratification discordante par une vaste étendue de permien. Le sondage du *Lomont*, entrepris en 1900, vers la cote 332, est entré dans le houiller vers 930 mètres de profondeur, à la cote — 602 et y est resté pendant 192 mètres jusqu'à la profondeur de 1.106 mètres où on l'a arrêté. Ce sondage, exécuté au trépan, n'a permis que des constatations insuffisantes, dont on a cru pouvoir déduire l'existence de plusieurs couches de houille. En réalité, il semble que l'on ait traversé une formation charbonneuse assez puissante, dans laquelle il est impossible de dire si l'on a rencontré de véritables couches de houille ou de simples schistes charbonneux. Néanmoins ce sondage parut suffisant pour instituer, le 26 juillet 1904, une concession « de recherches », afin de permettre aux inventeurs le fonçage d'un puits. La concession une fois instituée, ce puits fut, sur le conseil de M. Kilian, remplacé par un sondage situé deux kilomètres plus au Sud, à Courmont. Ce sondage de *Courmont* a traversé, directement au-dessous du permien, des grès verdâtres (stéphaniens ou plutôt dinantiens) sans aucune formation charbonneuse, où il est resté jusqu'à 1.072 mètres de profondeur.

On revint alors plus au Nord pour faire, en 1907, les deux sondages de Beverne et de la Pissotte (fig. 3). Le sondage de *Beverne* paraît avoir été, lui aussi, trop rapproché de la zone des affleurements dévoniens directement recouverts par le permien. On paraît cependant y avoir traversé, pendant quelques mètres, entre les cotes — 320 mètres et — 343 mètres, du houiller caractéristique avec un très mince filet charbonneux. Après quoi, à 687 mètres de profondeur, on entra, pendant 200 mètres, dans des orthophyres ou diabases représentant le dévonien métamorphique, beaucoup plus tôt que ne l'aurait fait croire le sondage du Lomont. Enfin, dans le sondage de la *Pissotte* (1.500 mètres Nord du Lomont), on a traversé, sous le permien, un conglomérat d'âge incertain et une formation très réduite de schistes noirs à empreintes végétales, puis un grès feldspathique analogue à celui de Courmont, représentant peut-être l'étage inférieur du houiller ; enfin, à 955 mètres de profondeur (cote — 636), on a atteint les schistes dévoniens.

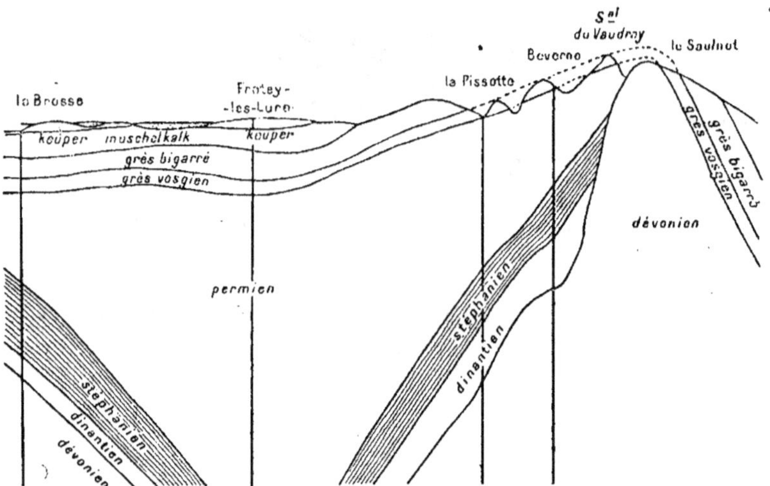

Fig. 3. — Coupe verticale I Est-Ouest du bassin de Ronchamp par la Brosse,
Frotey-les-Lures et le Saulnot, d'après M. Japiot.

L'ensemble de ces travaux a eu surtout pour résultat de prouver l'enfoncement très rapide du houiller sur le flanc Nord du Saulnot et, finalement, son inexploitabilité. Ce houiller de la région de Ronchamp nous apparaît comme extrêmement irrégulier, inconsistant, pauvre en houille et, de plus, influencé par des mouvements qui l'ont rejeté à une grande profondeur. Si l'on veut étendre les conclusions à plus grande distance vers le Sud, on doit retenir l'existence d'un

relèvement dévonien entre le Lomont et Ronchamp : relèvement qui peut être
l'amorce d'une subdivision du synclinal houiller en deux bras distincts, dont l'un
se dirigerait à l'Ouest de Ronchamp vers Saint-Germain, avec prolongement à
déterminer, tandis que l'autre passerait par le Lomont et Saulnot, pour se coincer
peut-être rapidement, ou, au contraire, pour se prolonger vers Besançon et
venir également longer à l'Ouest l'axe triasique de Salins à Lons-le-Saulnier : ce
qui le conduirait finalement dans la direction de Sainte-Foy.

La question qui se pose là est du plus haut intérêt pour nous et on s'est peut-
être un peu hâté de la résoudre sommairement en se bornant à relier Ronchamp
à Blanzy par une ligne droite hypothétique ; il faut y regarder de plus près.

Remarquons d'abord que la carte accuse, autour de Vesoul, un large golfe
primitif dessiné par les affleurements granitiques discontinus de Blaisy-Bas aux
Faucilles, à Ronchamp et enfin vers le massif de la Serre. C'est dans cet intervalle qu'il faut placer le ou les synclinaux houillers dont nous cherchons la
direction. Cela étant posé, on remarque aussitôt, dans cet intervalle, deux zones
déprimées, l'une suivant la vallée de la Saône, l'autre suivant l'Ognon : zones,
dont l'origine est évidemment tertiaire, mais peut, comme nous en avons déjà vu
des exemples, s'être superposée à de plus anciens accidents primaires. S'il fallait
imaginer deux sillons houillers, la première idée serait de les supposer plutôt
sous ces zones déprimées plutôt que sous la sorte de horst surélevé et découpé
de failles qui sépare les deux rivières, ou plutôt que dans le massif de Baume-
les-Dames et Besançon, au Sud de l'Ognon. Mais, dans quelle mesure l'un ou
l'autre de ces sillons peut-il se raccorder à Ronchamp ?

Au Nord de Ronchamp, les directions des terrains visibles ne sont pas Nord-
Est suivant la direction généralement présumée de ces sillons, mais Est-Ouest,
ou même Nord-Nord-Ouest. Néanmoins les courbes de niveau que je me suis
attaché à tracer pour la base du houiller en utilisant les résultats des travaux de
mines et les sondages (fig. 1), indiquent bien la présence d'une ligne de plus
grande pente, d'un thalweg à allure synclinale dirigé vers le Sud-Ouest entre le
Lomont et Lure. Dans ce sens-là, on rencontre successivement des affleurements
d'étages de plus en plus élevés. On peut donc admettre que, conformément à l'opinion commune, un synclinal houiller se dirige de Ronchamp vers le Sud-Ouest.
Suivant que nous l'imaginons s'infléchissant plus ou moins vite, de la direction
Est-Ouest qu'il affecte à Ronchamp vers la direction Nord-Est qu'il doit prendre
plus au Sud, il peut suivre telle ou telle des deux directions figurées sur notre
carte, à l'Ouest ou à l'Est de la Serre.

Il faut ajouter qu'aucune de ces directions n'est pratiquement très encoura-
geante. Sur celle du Nord, le houiller, s'il existe, doit être à une très grande
profondeur et, sur la seconde, il a des chances pour être très laminé et disloqué.

Laissant de côté l'hypothèse d'un sillon Saint-Germain-Vesoul, bornons-nous à
examiner la direction Nord-Est située au Nord de l'Ognon : la seule pour laquelle
l'examen des cartes superficielles puisse apporter quelque enseignement. Nous
sommes conduits à faire passer le sillon houiller vers Villersexel et Montmirey.

Il existe, en effet, le long de l'Ognon, un grand accident Nord-Est transversal aux principales cassures tertiaires qui, elles, sont beaucoup plus rapprochées de la direction Nord-Sud. Et cette vallée de l'Ognon est, en même temps, jalonnée d'abord par un allongement du trias à Villersexel, puis par une série d'affleurements crétacés, qui semblent indiquer une direction de plissements : les lambeaux crétacés ayant pu se trouver conservés dans une cuvette modelée sur un synclinal du substratum (feuilles de Gray et de Besançon). Enfin et surtout, la réapparition du massif gneissique de la Serre, près Auxonne, sur laquelle je vais maintenant insister, paraît marquer un relèvement gneissique sur le bord Sud de ce synclinal.

Pour vérifier cette hypothèse nous ne saurions songer à placer un sondage sur cette première région située entre Ronchamp et la Serre. Les sondages de Lure sont tout à fait décourageants à cet égard. Voyons maintenant ce qu'il peut y avoir à faire dans la région de la Serre et d'Auxonne.

a) *Région de la Serre et d'Auxonne*. — Le massif de la Serre a été étudié avec un soin tout particulier et, comme je l'ai déjà dit, on a proposé, depuis longtemps, à diverses reprises, de chercher le houiller sur ses bords. On a même fait, dans ce sens, une petite tentative dont je dirai quelques mots. D'après une exploration rapide de la région, les travaux de Jourdy, Marcel Bertrand, Deprat et l'abbé Bourgeat pourraient être à reprendre sur des points de détail, mais doivent être considérés comme exacts dans leur ensemble.

Le massif de la Serre constitue un noyau hercynien, le débris morcelé d'une ancienne ride plus ou moins complexe et plus ou moins subdivisée, qui s'est formée au début du carbonifère. Ce massif, composé surtout de schistes granulitisés assez improprement qualifiés de gneiss, a dû être bordé au Nord par une cuvette houillère à transgressions permienne et triasique, celle que nous cherchons en ce moment.

Comme le houiller n'est visible nulle part, nous commencerons la description des terrains au permien. Ce permien, fort intéressant pour notre sujet, repose directement sur le gneiss partout où on voit la base des terrains sédimentaires, et la façon dont il est constitué, l'abondance extraordinaire des débris schisteux encore anguleux et directement empruntés à un substratum voisin, qui lui donnent l'apparence d'une véritable brèche (par exemple au Sud d'Offlanges) accusent bien la manière dont ce terrain s'est formé sur le bord d'une chaîne saillante, par des éboulements immédiats, à peine remaniés. Il est intéressant de remarquer qu'à l'Est d'Offlanges, ce permien plonge vers le massif de la Serre au Sud, au lieu de s'appuyer sur celui-ci comme on aurait pu le penser, indiquant peut-être en ce point l'existence d'un petit synclinal, ou tout au moins d'un affaissement qui pourrait avoir son contrecoup dans le houiller.

Le trias est venu ensuite et s'est étendu loin au delà de la région occupée par le permien. Son étage inférieur, qui correspond au grès vosgien, est, lui aussi, criblé de débris anguleux empruntés à des schistes primaires qui doivent exister à peu de distance sous ce recouvrement et qui auront été atteints par la transgression triasique.

Plus tard, tout ce système a été recouvert par les mers jurassiques et crétacées. Mais, quand se sont produits les mouvements tertiaires, ce noyau solide et saillant a joué le rôle qu'on observe pour la plupart des massifs semblables. Il a servi d'axe directeur aux plissements, qui se sont modelés sur lui dans une certaine mesure ou déviés à sa rencontre. Il a été surtout l'occasion d'un éclatement, d'un morcellement, qui donne à tous les terrains jurassiques situés sur sa bordure l'aspect d'un jeu de patience dont il s'agirait de remettre en place les pièces dispersées. On voit très nettement, à la Serre, le conflit de deux types d'accidents qui ont contribué à cet émiettement : 1º des cassures parallèles aux anciens plis du massif et à son allongement principal, c'est-à-dire Nord-Est ; 2º des rides et cassures Nord-Sud, dont nous avons déjà dit un mot, qui semblent plus particulières aux efforts tertiaires et dont le résultat, manifeste sur les deux bords du bassin, paraît s'atténuer ou même disparaître à l'intérieur.

Ce n'est pas ici le lieu d'insister sur cette intéressante disposition tectonique ; mais on peut en tirer la conclusion pratique.

Il est possible, il est même assez probable, je le répète, en raison de la présence du permien, que le massif de la Serre forme le flanc Sud d'une fosse houillère prolongeant celle de Ronchamp. Peut être, d'autre part, existe-t-il, en outre, sur le bord méridional de ce même massif, un autre sillon houiller à l'Ouest de la zone Salins-Poligny-Lons-le-Saunier : synclinal sur lequel nous ne savons rien et que nous laisserons par suite de côté. Pour nous restreindre au premier, qui est celui dont on a toujours parlé, y a-t-il des chances de le rencontrer avec du houiller productif et exploitable, c'est le point que je me suis attaché à élucider sur le terrain.

Je remarquerai tout d'abord que la présence du permien annonce généralement celle du houiller à assez faible distance. Ce permien est donc, dans l'ensemble, un bon indice. Néanmoins, nous venons de voir que, là où le contact des gneiss avec les terrains sédimentaires est visible, le houiller manque et le permien transgressif vient reposer directement sur son soubassement. On est donc conduit à placer une recherche assez loin de cette bordure visible pour laisser au terrain houiller le temps de revenir sous le permien transgressif : ce qui empêche de sonder dans des conditions faciles sur le massif même où les épaisseurs de terrains à traverser seraient faibles et ce qui force à s'écarter du massif vers le Nord-Ouest, jusqu'à une région violemment faillée.

Je crois, néanmoins, en définitive, que, par des recherches méthodiques, on devrait arriver assez promptement à localiser le sillon houiller, en face de ce relèvement où il a toutes les raisons pour être moins profond que partout ailleurs ; et je n'ai pas besoin d'ajouter que la seule constatation de sa présence serait déjà très importante pour l'exploration future du sillon total, puisqu'elle réduirait de moitié, dans le sens longitudinal, l'intervalle où ce sillon nous est actuellement inconnu et puisque le champ des hypothèses à faire pour trouver ensuite son prolongement sous la plaine de la Saône se trouverait considérablement réduit. Cet espoir, à lui seul, justifierait donc un effort.

Mais peut-on espérer rationnellement davantage : compter que, dès cette première campagne de recherches, on trouvera la houille exploitable ici, je ne le crois pas et en voici la raison.

Tout d'abord, il faudrait, pour cela, tomber précisément du premier coup sur une zone riche de ce bassin. que l'on ne doit, en aucune façon, s'imaginer comme renfermant partout des couches de houille utilisables, ni même comme nécessairement continu, mais qui, au contraire, nous le savons, doit être composé de courtes lentilles productives alternant avec de plus longues zones stériles, ou avec des étranglements complets. Et, en second lieu, il est à peu près impossible d'éviter le morcellement extrême des terrains, qui se manifeste tout autour du massif de la Serre. Sans doute, ce morcellement se réduit quand on s'écarte à 4 ou 5 kil. du massif. Mais alors on risque de passer à l'Ouest du sillon houiller et, en outre, on est sûr de ne pouvoir le rencontrer dans ce sens qu'à des profondeurs beaucoup plus considérables.

En pesant ces considérations contradictoires, je crois que, si on voulait placer un sondage à l'Ouest de la Serre pour reconnaître l'emplacement du sillon houiller, il n'y aurait guère qu'un point à peu près favorable, ce sont les environs de Frasne, à l'Ouest de ce village [1], où le réseau des failles a déjà perdu sa plus grande intensité et où, toutefois, l'apparition d'un petit anticlinal liasique Nord-Sud réduirait notablement la profondeur d'un sondage. Suivant toute vraisemblance, ce sondage recouperait ici (en épaisseurs comptées perpendiculairement aux strates) : 125 mètres de lias, 200 à 250 mètres de trias et 300 à 400 mètres au plus de permien; en tenant compte de l'inclinaison des terrains (qui pourrait être une gène pour le sondage), il devrait donc atteindre le houiller entre 800 et 1000 mètres.

En dehors de ce point, il en est un autre qui, à certains égards, serait naturellement indiqué, c'est la pointe Nord des affleurements permiens au Sud de Brans. On n'aurait à traverser là que le permien, soit 200 à 300 mètres. Mais une entreprise malheureuse a déjà été faite vers ce point en 1873; et bien que le sondage paraisse avoir été fort mal conduit, il en résulte néanmoins une présomption défavorable contre cette idée.

D'après les documents conservés dans les archives minéralogiques de Chalon, une société s'était fondée en 1873 sur l'intiative de la Société des Forges de Franche-Comté. L'emplacement du sondage fut choisi sur les indications de M. Ledoux, qui publia alors une étude à ce sujet. Suivant M. Ledoux, le houiller devait être atteint à 250 mètres de profondeur et présenter lui-même une épaisseur de 50 à 100 mètres. En mai 1875, on avait atteint 250 mètres. En juin 1876, le sondage approchait de 400 mètres. En 1877, il fut arrêté quand on crut avoir dépassé le terrain houiller sans y avoir rencontré de houille. Comme aucune coupe de ce sondage n'a été conservée à ma connaissance, on ne peut savoir

[1] Voir la feuille de Besançon au 1.80.000⁰.

aujourd'hui si cette opinion était justifiée et le travail en question a été absolument perdu. Il est seulement permis d'en conclure que l'épaisseur du permien et du houiller doit atteindre là 400 mètres. Trautmann, qui consacre deux lignes à ce sondage d'après des renseignements verbaux [1], croit que l'on a dû passer directement du permien dans le gneiss sans traverser de houiller : ce qui est fort possible d'après les indications des affleurements.

Enfin, pour terminer sur cette région de la Serre, j'examinerai encore l'idée que l'on a émise d'un sondage près d'Auxonne. Ce sondage me paraîtrait fort mal situé. Il serait à plus de 10 kil. du massif, qui semble se continuer au Sud par le Mont-Roland, à l'Ouest de Sampans. On aurait donc déjà bien des chances pour tomber à l'Ouest du sillon houiller présumé ; et, surtout, la profondeur d'un tel sondage serait considérable. L'expérience nous apprend, en effet, d'une façon générale, que ces cuvettes d'affaissement tertiaires, comme la vallée du Rhône, la vallée du Rhin, la Limagne, etc... ont subi un enfoncement progressif, en raison duquel les sédiments y atteignent généralement des épaisseurs très supérieures à celles qu'ils offrent dans le voisinage. En ce qui concerne particulièrement Auxonne, qui semble placé sur un synclinal pliocène, nous avons quelques chiffres précis.

D'après un forage artésien pratiqué en 1901-1902 et étudié par M. Collot[2], on a recoupé 1 à 13 mètres d'alluvions anciennes, puis 53 mètres de pliocène, 139 mètres d'aquitanien, 15 mètres de craie altérée et enfin 54 mètres de crétacé (cénomanien). On s'est arrêté à 284 mètres de profondeur ; mais ce qu'on connaît des terrains de la région permet de présumer que, si on avait continué, on aurait recoupé encore 160 mètres jusqu'à l'astartien, 470 mètres jusqu'au lias, 125 mètres de lias et 500 mètres de trias et de permien, en sorte qu'on n'aurait pas atteint le houiller avant 1.500 à 1.600 mètres. Cette même objection se pose à plus forte raison, pour les régions situées à l'Ouest d'Auxonne, bien qu'il puisse y avoir, au centre de ce grand bassin déprimé, un relèvement axial dont nous ignorons la place.

b) *Zone de la Serre à Blanzy.* — Au delà de la Serre, que devient plus à l'Ouest le sillon houiller dont nous essayons de retrouver la trace, il est actuellement impossible de le dire avec précision. On a généralement admis, comme une chose presque évidente, que ce sillon devait se prolonger en ligne droite vers Blanzy. C'est une des hypothèses que l'on peut adopter. Il n'est pas certain que ce soit la vraie.

En premier lieu, on doit remarquer que, dès la Serre et Dôle, les failles-limites, qui semblent, dans une certaine mesure, épouser la direction des synclinaux pri-

---

[1] *Loc. cit.*, p. 113.

[2] Collot. *Mémoires de l'Académie de Dijon*, 4e série, tome IX. De la bibliographie très nombreuse qui concerne la Serre, je signalerai seulement les résumés donnés à l'occasion de deux réunions de la Société géologique en 1897 et 1911 ; puis une autre bibliographie annexée à une note de Deprat (*ibid*, 1900, p. 871). Voir encore, 1910, Léotard. le bassin houiller Blanzy-Auxonne-Ronchamp (*Revue Universelle des Mines*, p. 238).

maires, commencent à obliquer du Nord-Est au Nord-Nord-Est, comme les accidents parallèles, d'âge il est vrai tertiaire, qui limitent, à l'Est et à l'Ouest, du côté de Beaune et du côté de Lons-le-Saunier, la grande plaine pliocène de la Saône et, ce qui est plus grave, comme les plis hercyniens du Mâconnais. Si le synclinal de Ronchamp et la Serre prenait la même direction, il irait rejoindre, non pas le houiller de Blanzy, mais le carbonifère inférieur de Cluny (troisième hypothèse de la carte) ; et, une fois l'attention attirée dans ce sens, on est frappé de voir que le houiller de Ronchamp accompagne une grande zone dinantienne, dont il n'existe aucun équivalent dans le Bassin de Blanzy et du Creusot, tandis que cette zone existe plus au Sud dans le Roannais pour se continuer à travers tout le Plateau Central, dont elle constitue, nous l'avons vu, un des accidents principaux. Je ne considère nullement cette observation comme convaincante, ayant insisté précédemment sur l'indépendance qui me paraît exister entre les traînées dinantiennes et les zones stéphaniennes ; cependant il était nécessaire de la faire. On devrait, si cette idée était admise, chercher le prolongement de Blanzy au Nord de cet accident dinantien, par exemple sous la zone crétacée de Pontailler (feuille de Gray), dans la zone déprimée de la Saône. C'est un des tracés que nous avons déjà envisagés. L'hypothèse serait fort peu en faveur d'une recherche entre la Serre et le Massif Central, puisque la zone dinantienne du Roannais, sur laquelle on se trouverait placé, n'est pas accompagnée de houille.

D'autre part, j'ai déjà fait remarquer à propos d'Auxonne combien il était probable qu'un sondage placé au hasard dans la plaine de la Saône eût des épaisseurs considérables de terrains à traverser. Il serait donc très coûteux d'employer la seule méthode qui pourrait nous tirer d'incertitude : celle qui consisterait à échelonner du Nord au Sud quatre ou cinq sondages profonds entre Beaune et Chalon et je ne considère pas qu'il y ait actuellement lieu d'y songer.

Aussi allons-nous brusquement nous transporter au voisinage d'autres affleurements houillers connus, ceux des Bassins de Blanzy et du Creusot, dont on peut penser à chercher le prolongement immédiat vers l'Est au delà des premières failles qui affectent le jurassique vers Chagny. Par exemple, M. Delafond, dans son ouvrage sur le Bassin de Blanzy [1], a été amené à supposer que l'axe du sillon houiller devait passer par le Bois de Sarre (au Nord de Mercurey) et Agneux, à l'Ouest de Rully, la limite Est passant non loin de Mercurey (feuille de Châlon). L'idée de placer un sondage un peu au Sud de Chagny, au Nord de Mercurey ou vers Rully, présente donc, au premier abord, quelque chose de séduisant. Je ne le conseillerai pourtant pas. S'il s'agissait uniquement de chercher le houiller, la région serait favorable. Il est probable que le houiller existe là quelque part à moins de 1.000 mètres (400 mètres pour la grande faille du col de Charrecey qui limite à l'Est les affleurements houillers, 400 à 600 mètres pour les failles parallèles). Mais, ici, aussi près de la bordure, la rencontre de ce houiller ne serait pas un enseignement. Et, d'autre part,

---

[1] *Loc. cit.*, p. 18.

comme résultat pratique immédiat, j'ai fort peu de confiance. Il est trop connu que la partie Est du Bassin de Blanzy, sur la concession de Saint-Bérain, est tout à fait pauvre. Sur cette très vieille concession, où il existe une traînée houillère de 13 kilomètres de long, on n'a, en somme, jamais rencontré de véritable houille. On a dû se contenter autrefois de travailler sur une formation charbonneuse composée de plus de schiste que de charbon et impossible à enrichir par lavage, qui a pu donner lieu à quelques ventes au temps où le développement des voies ferrées ne permettait pas encore aux charbons de meilleure qualité de parvenir jusque-là, mais dont on a dû renoncer ensuite à tirer aucun parti, si bien que la Compagnie de Blanzy a abandonné la concession. Aller chercher à faible distance en profondeur le prolongement morcelé et disloqué d'un terrain houiller qu'on n'a pas pu utiliser là où il affleurait au jour et là où il était exempt de failles tertiaires, me semble une entreprise peu rationnelle. Evidemment, on pourrait avoir la chance imprévue de tomber sur une zone d'enrichissement. Mais il faudrait, pour cela, semble-t-il, s'éloigner le plus possible de la zone pauvre connue et alors on retombe dans les incertitudes qui nous ont arrêtés tout à l'heure.

c) *Bassin de Blanzy et prolongement vers Bert* [1]. — Quand on a dépassé vers l'Ouest la zone pauvre de Saint-Bérain, on entre dans la région productive du Bassin de Blanzy, sur laquelle il est inutile d'insister ici. J'ai déjà rappelé que ce bassin est presque uniquement utilisable sur sa bordure Sud, où existe une zone riche d'une dizaine de kilomètres de long et deux kilomètres de large autour de Montceau. Même dans cette région, il se trouve des accidents importants, dont un, que la Compagnie de Blanzy a fini par franchir pour aller retrouver son faisceau-houiller en profondeur, a déterminé une dénivellation de 400 mètres.

Pratiquement, après Saint-Bérain abandonné et les Fauches où l'exploitation a été généralement en perte, les deux concessions de Longpendu et Montchanin sont un peu exploitées. Puis viennent les Périns, les Crépins, le Ragny inexploités (feuille d Autun). La compagnie de Blanzy exploite ensuite Blanzy, La Theurée-Maillot, les Badeaux et les Porrots, dont la valeur décroît progressivement de l'Est à l'Ouest. Enfin, à Perrecy-les-Forges, on a fait des travaux relativement continus.

Même dans la bonne partie de ce bassin, on trouve les couches de houille, avec l'irrégularité qui est leur caractère normal dans le Plateau Central : plissements, laminage, lentilles atteignant 40 mètres et séparées par des passées stériles [2] ; mélange intime du schiste avec le charbon faisant que le charbon arrive souvent à être inutilisable à force d'impuretés et que les deux tiers du charbon de Blanzy doivent passer au lavage. Cependant je n'ai pas besoin de rappeler que la Compagnie de Blanzy est très prospère et que toutes les idées de recherches envisagées dans ce paragraphe sont surtout fondées sur sa fortune.

[1] Voir la monographie par Delafond, 1902.
[2] Quelques-unes des belles couches de Blanzy n'avaient pas d'affleurement.

Au Nord de la zone houillère de Blanzy et parallèlement à sa longueur, il en existe une autre, généralement beaucoup plus pauvre, qui a pourtant été exploitée au Creusot [1].

Cette disposition de deux traînées houillères parallèles, séparées par une bande permienne sous laquelle il semble d'abord logique de supposer qu'elles vont plonger, a pu faire supposer qu'il existe là un vaste synclinal de 8 kilomètres de large, qui, d'après les idées anciennes, aurait dû renfermer des couches de houille continues. C'est la doctrine générale des synclinaux à couches relativement régulières, ou seulement morcelées par des failles, contre laquelle je me suis élevé maintes fois dans ce travail et à laquelle, après bien des illusions déçues et bien des travaux de mines infructueux, il faut malheureusement renoncer. En réalité, les expériences faites ont montré ici, comme dans maints bassins houillers du Massif Central, que les couches ou amas de houille sont très localisés (dans le cas présent, sur les bordures) et les renseignements recueillis et commentés par M. Delafond paraissent indiquer, en outre, que les deux traînées charbonneuses de Blanzy et du Creusot, au lieu de se relier souterrainement, sont indépendantes l'une de l'autre : ce qui complique encore un peu le problème des raccordements à grande distance que nous examinons ici.

M. Delafond, qui a beaucoup étudié ce bassin, est arrivé à admettre que les deux formations houillères de Blanzy et du Creusot se sont déposées à des époques distinctes, dans des lacs séparés. Après quoi, il se serait produit, entre le stéphanien et le permien, une discordance qui est un fait habituel dans le Massif Central. Puis un phénomène d'érosion aurait, toujours d'après le même géologue, creusé, au centre, une dépression nouvelle indépendante des deux précédentes, dans laquelle se serait accumulé le permien. Suivant lui, la zone Ouest du Creusot appartient, jusqu'à sa base qui est connue, au stéphanien supérieur. A l'Est, vers Blanzy, on ne connaît que le haut de la formation, qui est d'un stéphanien un peu plus ancien et il est possible qu'il existe en dessous des dépôts inconnus représentant l'étage d'Epinac et de Rive-de-Gier [2].

Il n'est peut-être pas inutile, pour notre sujet, d'analyser et de discuter les faits précis, sur lesquels repose cette théorie.

En dehors des travaux de mine, les sondages principaux de Blanzy et du Creusot sont ceux qui ont été effectués ; 1° entre le Creusot et Montchanin, à Mouillelongue et Torcy ; 2° plus au Sud, à Charmoy ; 3° dans la région située au Sud de Perrecy.

Le sondage de *Mouillelongue* (1853 à 1857), parti du saxonien supérieur (permien) est resté dans les grès rouges du saxonien inférieur de 371 à 827 mètres, soit 456 mètres. On admet que les terrains rencontrés au-dessous jusqu'à 920 mètres correspondraient à la base du permien (autunien) ; c'étaient des grès fins granitiques et des schistes noirs.

A *Torcy*, un peu plus au Sud, on a traversé au moins 500 mètres de grès

---

[1] Voir la feuille d'Autun au 1.80.000°.
[2] *Loc. cit.*, p. 114.

rouges : ce qui montre, par parenthèse. les épaisseurs de permien que l'on peut être amené à rencontrer dans ces profondes fosses synclinales.

A la *Vesvre* (près de Gueugnon, feuille de Charolles). on est resté, en 1857, pendant 337 mètres, dans les grès rouges saxoniens et l'on a arrêté le sondage.

Le sondage de *Charmoy* de 1896 (feuille d'Autun, au Nord de Blanzy) a été poussé jusqu'à 1.179 mètres (l'orifice du sondage étant à la cote 320. Après avoir traversé, jusqu'à 900 mètres de profondeur, des grès autuniens mêlés de quelques schistes, qui peu à peu passent à des arkoses, il paraît être entré dans des granulites et y être resté jusqu'à 1.179 mètres. C'est là le fait positif, sur lequel s'appuie la théorie de M. Delafond admettant l'existence d'un axe granitique séparant les deux cuvettes synclinales houillères de Blanzy et du Creusot. Il est certain qu'il a dû y avoir, entre le houiller et le permien, une forte érosion, pendant laquelle le houiller a pu être détruit par endroits, et laisser émerger des îlots du substratum. Il est certain aussi que ces sondages divers prouvent une grande épaisseur du permien dans la cuvette centrale. Mais il est peut-être prématuré d'en tirer une conclusion négative pour l'existence de houiller profond dans tout l'ensemble du bassin.

Nous avons enfin, au Sud de *Perrecy* (feuille de Charolles), quatre sondages exécutés en 1899 et 1900 dans la région comprise entre l'Oudranche et la Bourbance, qui semblent marquer approximativement les deux limites de la traînée houillère.

A *Fautrière*, près de Saint-Eloi, on est sorti du trias à 187 mètres pour entrer dans le houiller, où on est resté jusqu'à 500 mètres. Quelques filets de charbon ont même été traversés à 270 mètres.

Un kilomètre plus au Sud, à *Morigny*, on est également passé directement du trias dans le houiller à 159 mètres pour y rester jusqu'à 412 mètres. La base du sondage a été arrêtée dans des argiles blanches réfractaires, dont on ne connaît pas l'équivalent dans le houiller superficiel.

A *Champeaux*, un peu au Sud de Bragny-en-Charollais, le permien manque également et l'on a trouvé le houiller à 223 mètres jusqu'à 400 mètres, avec de simples filets charbonneux à 389 mètres

Enfin, à *Usigny*, plus à l'Est, on a dépassé la limite de la zone houillère et, à 147 mètres, on est entré dans le gneiss, recouvert transgressivement par 20 mètres de trias.

Cette énumération montre assez quelle somme de travail a déjà été dépensée dans toute cette région. Finalement, tous ces sondages ont été infructueux en tant que résultats pratiques directs. Ils ont eu pour seule conséquence utile de limiter exactement l'étendue du bassin houiller et de montrer que, le jour où on voudra recommencer des recherches entre Blanzy et Bert, il faudra prévoir des profondeurs beaucoup plus considérables. A Champeaux sur l'Oudrache, un nouveau sondage pourra être intéressant un jour, mais devra être poussé au moins jusqu'à 1.000 mètres. Je n'en parle ici que pour mémoire.

En s'avançant encore davantage vers le Sud, on rencontre la zone, très probablement affaissée, qui prolonge la Loire par la basse vallée de la Bourbince. Il y a toutes les chances pour que le houiller ait été enfoncé là plus profondément et doive, par conséquent, échapper aux recherches actuelles.

Après quoi on peut tracer sa suite par continuité entre Chassenard et Varenne, vers le Pin, Saint-Didier et le Donjon [1]. Un sondage à l'Ouest de Saint-Didier serait rationnel, mais très aléatoire. A partir du Donjon, on voit reparaître au jour des terrains, d'abord franchement permiens, puis intermédiaires entre le permien et le houiller supérieur, que l'on classe aujourd'hui dans le permien inférieur (autunien) et qui donnent lieu aux exploitations de Bert [2]. Les couches de houille permiennes y sont minces et, somme toute, de valeur médiocre, un peu comme les couches du même étage géologique dans le Bassin de Buxière (Allier); mais elles présentent une régularité, une continuité, et une faible pente de 10 à 15°, qui contrastent avantageusement avec la disposition sporadique des dépôts plus franchement houillers et localement beaucoup plus riches, du Massif Central. Ici, le houiller lui-même n'apparaît nulle part sur les bordures et n'a pas été rencontré dans les travaux.

Somme toute, cette zone de Blanzy à Bert est peut-être une de celles où la continuité du houiller en profondeur sur plus de 50 kilomètres de long est la plus manifeste. La valeur pratique de ce houiller est plus douteuse et l'insuccès des efforts tentés par le Creusot découragera certainement pendant longtemps de recommencer.

d) *Prolongation possible du Bassin de Bert. La Machine.* — Nous venons de suivre, sur près de 300 kilomètres, le jalonnement présumé d'un grand sillon houiller qui affecte, suivant les vraisemblances, une allure presque rectiligne. Au delà de Bert, il est brusquement coupé par les effondrements tertiaires de la Limagne, comme il l'avait été par ceux de la Saône et de la Loire et sa prolongation disparaît.

Que devient-il ? Marcel Bertrand, dans une étude sur les Bassins houillers du Plateau Central [3] a émis autrefois l'idée que le synclinal de Bert pouvait s'incurver parallèlement aux Alpes suivant la vallée de l'Allier et aller rejoindre Brassac et Langeac [4]. Plus tard, étudiant les lignes directrices de la géologie de la France, il a relié le même bassin, par un rejet vers le Nord, avec Villefranche et Commentry. Je serais plutôt disposé à admettre, par une hypothèse voisine de cette dernière, un décrochement de 40 kilomètres vers le Nord-Ouest, qui reporterait brusquement le houiller de Bert à Moulins [5], ou même à la Machine, et en ferait la suite du grand sillon houiller, également si rectiligne,

[1] Il ne faut pas oublier que la réapparition de couches productives à Bert est précédée par toute une zone où le même terrain affleure au jour sur la concession de Montcombroux, sans qu'on l'ait jamais exploité (Delafond, *loc. cit.* 41).

[2] On remarquera que, pour le houiller même de Commentry, on a parfois soutenu un âge permien.

[3] *Bull. Soc. Géol*, 3e série., t. XV, p. 517.

[4] Le même auteur, dans ce mémoire sur les lignes directrices de la géologie de la France. (*Revue gén. des Sc. pures et appl.*, 1894, p. 307), reliait Blanzy avec Sarrebruck.

[5] J'ai adopté cette idée dans un mémoire sur le massif de Saint-Saulge, p. 11.

également recouvert à son extrémité par du permien, qui va de Firmy à Champagnac, Saint-Eloy, le Montet et Souvigny, à travers tout le Massif Central. Mais ni l'une ni l'autre de ces hypothèses trop hasardeuses, ne comporte, pour le moment, une vérification pratique et je me contenterai de traiter, à ce propos, une question un peu connexe, celle du houiller de la Machine (propriété du Creusot, dans la Nièvre).

Les études de détail que j'ai faites depuis longtemps sur les feuilles de Moulins, Saint-Pierre et Nevers m'ont conduit à admettre que le sillon houiller de Souvigny, mentionné tout à l'heure, se prolonge, sous le tertiaire et le secondaire, dans une zone localisée vers Marigny, Aubigny, Chantenay et la forêt de Murry, complètement indépendant ici du permien qui couvre transgressivement toute la région.

Il continuerait ainsi droit vers le Nord, à l'Ouest d'un compartiment surélevé qui relierait l'îlot granitique de Neuville-les-Decize par Montilly avec le granite de Coulandon et, d'autre part, à l'Est d'un grand accident rectiligne Nord-Sud allant de Saint-Menoux à Agonges et Saint-Pierre-le-Moutier [1].

La conclusion est que le houiller de Saint-Eloy et Souvigny pourrait se prolonger par ce sillon Nord-Sud jusqu'à La Loire, où il subirait une inflexion brusque vers l'Est et irait, par des failles en échelon, rejoindre le bassin houiller de la Machine [2].

Au Nord de la Loire, on a fait un certain nombre de sondages infructueux fondés sur une autre hypothèse qui recherchait le prolongement de la Machine vers le Sud et on a tout au moins constaté par ces travaux que, lorsqu'on se rapproche de la Loire, le houiller est profondément déprimé. De toutes façons, je ne conseillerais pas de sonder au Nord de la Loire, en quelque endroit que ce soit, ni dans le voisinage du fleuve. Mais, plus au Sud, la réapparition de l'îlot gneissique de Neuville est un indice analogue à celui qui nous a précédemment attirés vers la Serre, et ici dans des conditions singulièrement plus favorables, puisqu'un sondage pourrait partir du jurassique inférieur, en sorte qu'il ne dépasserait sans doute pas 600 à 700 mètres ; et puisque les terrains ne semblent pas violemment faillés. J'ai donc considéré, depuis longtemps, qu'il serait fort tentant de placer ici deux sondages destinés à chercher la bordure Est productive de ce synclinal : 1° dans la forêt de Chabot, entre Azy-le-Vif et Saint-Pierre-le-Moutier (feuille de Saint-Pierre) ; 2° entre Agonges et Marigny (feuille de Moulins). Cette zone est une de celles où la recherche la moins coûteuse serait susceptible de conduire à un résultat utile.

Sur mes indications, le gouvernement a commencé en 1918 un sondage près d'Azy-le-Vif. On a traversé l'argile et les graviers des plateaux jusqu'à 90 mètres

---

[1] J'ai autrefois admis, dans un travail sur le massif de Saint-Saulge p. 11, que le sillon houiller passait à l'Est du massif de Neuville. Cette hypothèse demeure encore soutenable et constitue une chance à courir ; mais je crois aujourd'hui plutôt au trajet par l'Ouest que je viens d'indiquer.

[2] Il ne faut pas oublier que les couches de la Machine sont dirigées E.-W. avec pendage Sud, comme si elles formaient le plan Nord d'un synclinal E.-W. (*ibid.* p. 6), ou encore comme entre Ronchamps et Saint-Germond.

de profondeur, le charmouthien de 90 à 160 mètres, puis le sinémurien et le trias sur 300 mètres et le sondage a été arrêté par un accident à 500 mètres dans le grès rouge permien. La présence du permien, qui accompagne toujours le houiller dans ces régions en débordant sur lui latéralement, apporte une confirmation à l'idée qu'un sillon houiller peut passer à l'Ouest de Neuville, où il paraît d'ailleurs exister quelques indices superficiels de ce terrain.

6° **Synclinal de Saint-Etienne**. — Je ne continuerai pas notre étude dans la direction du Sud. Elle sortirait du sujet que je m'étais proposé de traiter : à savoir le raccordement du Massif Central et des Vosges. Le prolongement Est du Bassin de Saint Etienne sous la plaine du Rhône, en aval de Lyon, a donné lieu, dans ces dernières années, à au-moins une trentaine de sondages de fortunes diverses qui jalonnent aujourd'hui, sur 30 kilomètres de long, une zone de 8 kilomètres de large entre les affleurements de Givors et ceux de Chamagniers (feuille de Lyon). Les travaux sont encore en cours et il est prématuré, il serait peut-être indiscret de les résumer. Quelle qu'en soit l'issue, le prolongement de ce synclinal dirigé Nord-Est a des chances pour se diriger sous les plateaux jurassiques au Sud de la zone triasique de Lons-le-Saunier et de Poligny. En admettant que ce prolongement existe et qu'on puisse le retrouver un jour, il est donc très vraisemblable qu'il doit appartenir à une zone entièrement masquée par les plis secondaires, zone concentrique aux Alpes et allant passer au Sud des Vosges ou de la Forêt Noire, avec une courbure analogue à l'inflexion visible sur les zones houillères qui affleurent dans la chaîne même des Alpes. C'est donc tout un autre sujet à traiter que je laisserai ici de côté.

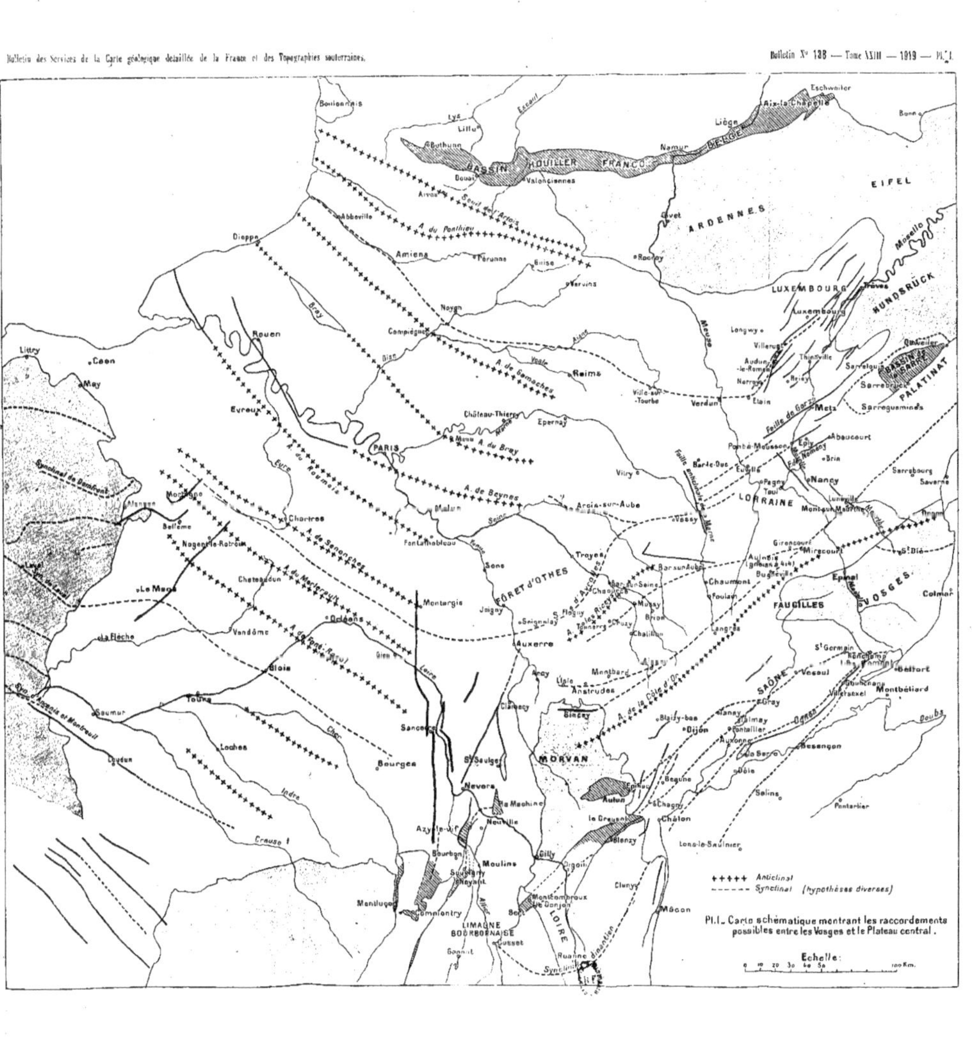

Pl. I. — Carte schématique montrant les raccordements possibles entre les Vosges et le Plateau central.

Echelle:

0   10   20   30   40   50   100 Km.

Auvergne), par M. J. GIRAUD (97 f. et 3 pl.)
...... 20 fr.

N° 88. La caverne de Trépail (Marne) et les rivières souterraines de la Craie, par M. E. MARTEL (2 pl. hors texte)...... 3 fr. 25

N° 89. — Etude sur les sources, les résurgences et les nappes aquifères du Jura franc-comtois, par M. E. FOURNIER (31 f.) ...... 3 fr.

N° 90. Contribution à l'étude des terrains glaciaires des vallées de l'Ain et de ses principaux affluents, par M. A. DELEBECQUE (1 pl.) ...... 4 fr. 75

N° 91. Comptes rendus des collaborateurs pour la campagne de 1902 ...... 8 fr. 25

N° 92. Contribution à l'étude des magmas chimiques dans les principales séries volcaniques françaises ; application de la nouvelle classification quantitative américaine, par M. MICHEL LÉVY ...... 2 fr. 25

N° 93. Etudes sur les formations anciennes des Hautes et Basses-Pyrénées (Haute-Chaîne), par M. A. BRESSON (77 f. et 7 pl.) ...... 18 fr. 50

N° 94. Etudes sur les projets d'alimentation, le captage, la recherche et la protection des eaux potables, par M. E. FOURNIER (1 f.) 1 fr. 50

N° 95. Etude géologique de la bordure sud-ouest du Massif central, par A. TARVENIN (51 f. et 5 pl.) ...... 14 fr.

N° 96. Contribution à l'étude des magmas chimiques dans les principales séries éruptives françaises : l'aramètres magmatiques, par M. MICHEL LÉVY ...... 1 fr. 30

N° 97. Tableau stratigraphique des Pyrénées, par M. J. ROUSSEL (66 f. et 3 pl.) ...... 10 fr.

N° 98. Comptes rendus des collaborateurs pour la campagne de 1903 ...... 8 fr.

N° 99. L'interprétation des cartes géologiques au point de vue de l'agriculture, par M. E. FOURNIER ...... 1 fr. 50

N° 100. Travaux d'exploitation et de recherche exécutés dans le bassin houiller du Boulonnais et dans la région comprise entre le bassin du Pas-de-Calais et la mer, par A. OLRY (48 f. et 2 pl.) ...... 5 fr. 75

N° 101. La zone subalpine aux environs de Chambéry, par M. HOLLANDE (6 f.) ...... 4 fr. 75

N° 102. Situation géologique et origine des lacs des Sept-Laux ; Comparaison avec les lacs de l'Engadine et de la Bernina ; Bassins rocheux ou barrages morainiques ? par ANDRÉ DELEBECQUE ...... 1 fr. 75

N° 103. — Notes sur les dépôts pleistocènes du bassin de la Durance, par M. DAVID MARTIN [illegible]

N° 104. — Systèmes de terrasses de l'Ariège et de ses affluents, par M. J. SAVORNIN (1 f.) ...... 1 fr. [illegible]

N° 105. Comptes rendus des collaborateurs pour la campagne de 1904 ...... 8 fr.

N° 106. Révision de la faille de Grenoble, par le Capitaine HITREO ...... 0 fr. 75

N° 107. L'eau en Beauce, par M. GUSTAVE F. DOLLFUS (1 pl.) ...... 2 fr. 50

N° 108. Note sur la tectonique du massif cristallin au nord du Giffre (Haute-Savoie), par MELCHIOR JACOB ...... 1 fr. 25

N° [illegible]. Dérivations préglaciaires de la Du[illegible] [illegible] canons adventifs subglaciaires, par DAVID MARTIN (10 f.) ...... 0 fr. 75

[illegible] Comptes rendus des collaborateurs [illegible] campagne de 1905 ...... 10 fr.

[illegible] d'une monographie hydrologique [illegible] environs de Carnoul (Var), par [illegible] 3 fr. [illegible]

N° 112. Sur les dislocations des environs de Mouthier-Hautepierre (Doubs) par W. KILIAN, professeur à la Faculté des sciences de Grenoble et E. HAUG, professeur à la Faculté des sciences de Paris (6 f. et 4 pl.) ...... 2 fr. 50

N° 113. Etude chimique du granite de Flamanville, par M. A. LECLÈRE (1 f.) ...... 1 fr. [illegible]

N° 114. Etudes sur la Corse : Etude pétrographique des roches éruptives du sud-ouest de Corse, par J. DEPRAT (16 f., 3 pl. et 1 c.) [illegible]

N° 115. Comptes rendus des collaborateurs pour la campagne de 1906 ...... [illegible]

N° 116. Les schistes et quartzites graphiques du Morbihan, par M. Ch. BARROIS (1 carte hors texte) ...... 4 fr. [illegible]

N° 117. Etudes sur la Corse : Etude des roches éruptives carbonifères et permiennes du Nord-Ouest de la Corse, par J. DEPRAT (18 f. et 1 pl.) [illegible]

N° 118. Contribution à l'histoire stratigraphique et tectonique des Pyrénées orientales et centrales, par LÉON BERTRAND (40 f. et [illegible])

N° 119. Comptes rendus des collaborateurs pour la campagne de 1907 ...... 10 fr.

N° 120. Les terrains primaires du Morvan et de la Loire, par M. ALBERT MICHEL LÉVY (61 f. et 7 pl.) ...... 13 fr.

N° 121. — Etudes sur les Pyrénées basques (Basses-Pyrénées, Navarre et Guipuzcoa), M. E. FOURNIER (33 f.) [illegible]

N° 122. Comptes rendus des collaborateurs pour la campagne de 1908 [illegible]

N° 123. Les régions volcaniques du Puy-de-Dôme, par Ph. GLANGEAUD (75 f., 3 pl.) [illegible]

N° 124. Essai sur l'étage aquitanien, G. F. DOLLFUS (6 pl.) [illegible]

N° 125. Recherches paléontologiques [illegible] le massif central, par A. LÉON (? et ? c.)

N° 126. Comptes rendus des collaborateurs pour la campagne de 1909 [illegible]

N° 127. L'érosion des grès de Fontainebleau par E. A. MARTEL (28 f.) [illegible]

N° 128. Comptes rendus des collaborateurs pour la campagne de 1910 [illegible]

N° 129. — Les formations fluvio[illegible] du Bas-Dauphiné, par W. KILIAN et [illegible]ONOUX (1 c., 1 pl.) en héliogravure, profils, 2 tabl. hors texte, 1 f.) [illegible]

N° 130. L'Estérel. Etude stratigraphique, pétrographique et tectonique, par A. MICHEL LÉVY (41 f., 5 pl.) [illegible]

N° 131. Contribution à l'étude du métamorphisme des terrains secondaires des Pyrénées Orientales [illegible] CHARLOT (3 f.)

N° 132. Comptes rendus [illegible] pour la campagne de 1911 [illegible]

N° 133. Comptes rendus [illegible] pour la campagne de [illegible]

N° 134. [illegible] par LÉON BERTRAND [illegible]

[illegible] les régions volcaniques [illegible] Dôme [illegible] Certaines de [illegible]GEAUD, 75 f., 3 pl. [illegible] ques, 1 pl. comprend [illegible]

N° 135. Comptes rendus [illegible] pour la campagne de 1912 [illegible]

N° 137. L'[illegible] des Débris [illegible] moderne par [illegible]